藍學堂

學習·奇趣·輕鬆讀

一本重新思考人生與工作的改變之書

別做熱愛的事，要做真實的自己

《富比士》職涯專欄作家、前五角大廈反恐專家
艾希莉・史塔爾 Ashley Stahl——著
何玉方、陳筱宛——譯

You Turn

Get Unstuck, Discover Your Direction, and Design Your Dream Career

推薦序

最好的新年禮物

文｜劉宥彤（永齡基金會執行長）

這本書無疑是我二〇二二年最好的新年禮物，開始閱讀就停不下來，文章中滿是我用紅線、藍線畫出的密密麻麻重點，更震驚的是第十二章中的一句話——「沒有『一切從頭開始』這回事」，給了我一記當頭棒喝。因為正值新年假期，我還在想著新的一年要打破重練，重新開始。

作者艾希莉．史塔爾（Ashley Stahl）說：「每到新的一年，我都會選擇一個我最想體現人生的詞，二〇一九年，我選的詞就「處之泰然」（equanimity）。對我來說，這代表放輕鬆、享受恩典。也就是說讓自己全然感受人生所經歷的一切，包括喜悅、勝利、痛苦、損失、心碎，最重要的是，原諒自己誤認為自己很渺小或不值得有偉大成就。」原來我們重來，不需要重新開始，只需要知道「不要違背自己的意願，做你自己，自始至終都一樣，看著你的人生發展，每個人都能成為自己生命的北極星。」

這本書開宗明義就把人生轉向的兩條主旋律講明白了，那就是第一章的「了解自己的核心本質」與第二章的「發掘自己的核心技能」。作者不僅以邏輯說明了人生轉向信號，也給了許多實用的評估項目、表格。人生沒有從頭開始，但有機會柳暗花明，山不轉路轉；若是要重新規畫人生路線，作者也給了一些錦囊妙計、實用的技巧訓練。本書不僅能夠做為一本人生迷航的勵志書，更可以定位為一本導航人生的工具書。

回歸真實自我

此外，作者提到的人生關鍵問題更具啟發性。她說，擁有一份出色的事業或人生，關鍵是回歸真實自我，並提高自己的標準，也就是說要知道何時該離開與核心本質與核心技能不符的工作，也要肯定自己的非凡之處。每個人都是如此，你現在過得不好，只是你違背真實自我的結果，成為自己的朋友，傾聽內心的智慧之聲。

我在去年二〇二一年出版了累積三十年職涯經驗的《人生賽道，勇敢試也要勇敢放棄》，最常收到讀者回饋：「『勇敢試』這件事很容易懂，但什麼時候要放棄呢？放棄的又是什麼呢？」我說：「要聽從自己內心的聲音，總有『訊號』會告訴你時候到了」。但是這個答案連我自己都不滿意，因為沒有可以學習的操作性；更多的是，要仰賴命運之輪或靈光乍現。然而就在閱讀艾希莉．史塔爾的《別做熱愛的事，要做真實的自己》（*You Turn*），原來，轉向訊號的答案就在這本書裡。它提供了可以檢視自我的方法以及可依循的做法。

在金錢、友誼、人際關係與事業方面，你認為自己有能力還是很渺小？關於你的工作與生活，你會如何講述自己的故事？我們都有天賦，我們都在渴望擁有激勵的人生，而非活在恐懼之中，相信在這本書之中，你會找到該堅持什麼或該放棄什麼的答案。

獻給在職場上追求榮耀的人：

比起名片上的頭銜、銀行帳戶數字，

真實的自我重要多了

目錄

別做熱愛的事，要做真實的自己

第二篇

轉向信號

第三篇

重新規畫人生路線

第四篇
通往幸福的高速公路

—前言—

由此開始

五歲那年，我就知道自己應該成為作家。

我永遠忘不了，幼兒園園長在畢業典禮上鼓勵每個小朋友上台，告訴大家，「長大以後，我們想要做什麼呢？」

對五歲孩子來說，這是個假想的問題，對吧？

我站在那兒等著上台，一邊聽著所有可能預期到的答案：消防員、警察、太空人、醫生、歌手、運動員……沒有一個符合我的志願。

我從園長手上接過麥克風，瞇著眼看著明亮的舞台燈光。

「我想要當個媽媽、作家……還有詩人」，我說。

我不知道自己期待什麼樣的反應，也許是來自觀眾的大聲喝彩或熱烈掌聲？不過，我聽見的只是一片死寂的沉默。我不知該作何反應，只好拿起麥克風，對著黑暗虛空說：「各位先生、各位女士，謝謝你們」。

當我走下舞台時，自己的聲音還迴盪在腦海中。

各位先生、各位女士……我以為自己是誰啊？

讓我來告訴你，我究竟是誰吧：一個五歲的小女孩，因為用頭撞人被攆出幼兒園，這就是我。我沒有開玩笑，我當時莫名其妙地走近操場上的小朋友，表現出好像要擁抱他們的樣子，接著就猛力給對方一記頭槌。

我總是覺得，我的身體沒有足夠空間能保留我所有的精力、創意，或對未來的種種想法。那股能量必須流向某處，有些人透過表達特定情緒，例如大笑或發怒，以宣洩其精力。其他人則是透過具體活動，像是運動、藝術或舞蹈來紓解，而我選擇——書寫。

寫這本書的目的是要釋放我的失敗、理解我的成功，並利用這些經驗幫助你探索自己的職業生涯。歡迎你來到「我的人生轉向」……還有「你的人生轉向」。

什麼是人生轉向（You Turn）？就是當你願意誠實面對自己人生某些核心領域行不通後，從而產生轉變的關鍵時刻。在那一刻，你領悟到唯一比踏入未知更糟的，就是陷在目前的困境之中，這可能發生在你生命中的任何領域，像是愛情、工作、友誼等等。最重要的是，在這一刻，你終於不再任由恐懼逼迫，而是突然選擇聆聽心中那一股安靜睿智的聲音，那一股聲音一直懇求能被你聽見，難得這一次，你沒有壓抑它，而是尊重它。你接受了可能會給你的人生帶來的一切不便，同時下定決心要做出改變，跳脫你正在走的那條路，轉而踏上一個全新、未知的方向。這麼做將會使你的人生變得更美好，但是往往要等到你允許轉變發展，你的人生才會開始變好。與其一百八十度大迴轉，回到最初的起點，或是在人生路途顛簸之際懷疑自我，何不更用心一點，把這種不協調看作是一個可以更深入、更貼近自我內心的機會，讓它成為你的人生轉向？

我對這一點瞭若指掌，因為我邁入未知的次數多不勝數。說實在的，我曾經感到最孤獨的地方，就是我成功的頂點與失敗的低谷。

我是個職涯顧問、特邀主講者，也是一手創辦公司的執行長，我的公司有數萬名電子郵件訂閱者，我有一個成功的 Podcast 節目、數千名客戶、一紙漂亮的書籍合約，我以諸如此類的身分撰寫本書。說我不害怕，絕對是騙人的。事實是，我嚇壞了，而且不覺得我真的知道自己在做什麼。不消說，多年來，我學著與這種恐懼做朋友，並且欣然接受它，因為我知道，這只是大腦試圖在捉弄我。

本書共有十二章，分為四篇。除了最後一章以外，每一章末尾都會有一個行動方針。**這套十一步人生轉向行動方針（*Eleven-Step You Turn Formula*）意在幫助你發掘自己心之所向的職涯之路，也就是與你天生的技能、核心價值、和自我人生目標相吻合的職業生涯。**

以下是十一步人生轉向行動方針的概要。我們會在每章逐一探索各個步驟。

1. 了解核心本質
2. 發掘核心技能
3. 解鎖金錢藍圖
4. 確定核心價值
5. 學著接受自己的障礙
6. 務必評估核心興趣
7. 學習將對話轉變成機會
8. 了解如何打造完美的電梯簡報（精準行銷自己）
9. 停止丟履歷表，開始拓展人脈
10. 一步步打造個人品牌
11. 掌握主要和次要核心動機

第一篇叫做「人生轉向」，也就是你必須選擇要採取的行動，正是本書的核心。第一章和第二章講述我在職業生涯中做過最巨大的轉變：辭去我在華盛頓特區五角大廈反恐的「夢幻工作」。本篇著重於幫助你回答一個老生常談的問題：是否該留在目前的工作或職涯規畫，還是該捲鋪蓋走人。本篇能幫助你基於別人對你的了解，釐清自我核心本質；也能幫助你發掘自我的核心技能，這是釐清你最佳職務選項的關鍵。透過了解這兩種個人面向，屬於你的最理想的職涯路徑就會變得更加明確。

第二篇叫做「轉向信號」。在第三章到第六章，我們會檢視你人生中的某些時刻，你可能沒有注意到「轉向信號」已經出現，那些直覺或經驗的指標能讓你知道，你可能偏離了真正心之所欲的職涯方向。我們會討論你對金錢的看法，以及如何提升你從小接受的信念系統。我們也將發掘你的五大核心價值觀，亦即深植在真實自我的核心原則。這部分意味著思考非自我的特質，那些往往是你的錯誤信念造成的結果，我們也會研究如何治癒那些信念。本篇最後一個職涯主題，探討「追求你熱愛的職業」與「追求你感興趣的職業」兩者的差別。談到做出生涯決定，我不認為你應該只是「做你所熱愛的」；我相信你應該要「忠於真實自我」。

第三篇叫做「重新規畫路線」。唯有注意到我們生活中向來被忽略的「轉向信號」，同時決定回歸真實的自我，也就是終極的人生轉向，我們才有可能改變路線。第七章到第十一章談的是致力追求最適合自己的職業。本篇傳授的工具著重在透過拓展人脈、打造有效的電梯簡報（精準行銷自己），以及建立個人品牌來採取行動。接著向你說明，我在招牌課程「工作機會學院」（Job Offer Academy）傳授給數千名學生的求職方程式。儘管所有這些步驟都能讓你的職業生涯更上一層樓，但如果不去探索工作中最能激勵你的因素，我稱之為「核心動機」（core motivator），這一切都只是空談。

第四篇叫做「通往幸福的高速公路」。在第十二章，我會分享近期最有意義的人生轉向：在跌落谷底後，重回注定要從事的工作。假如你曾經想要重新塑造自我，或者從事心之所欲的工作，這章是專門為你而寫的。打從開始撰寫這一章後，我就踏入了對周遭世界充滿活力的和諧狀態，我希望你也能體會這種狀態。

在每一章的末尾，我們會更深入探索你的世界，利用人生轉向行動方針分析目前的職業生涯。所以，準備好你的筆吧！

＊＊＊

在閱讀本書的過程中，**請記得：恐懼是友善的，它是將你推向個人極限，並提升到一個全新境界的指標**。這種不安提醒你將要前往某個新的地方——而「全新」是好事。也請記得，我跟你是一樣的。我們面對的挑戰確實相同。我的精神導師朗．赫爾尼克（Ron Hulnick）啟發我以更中立的角度去看待人生，他常說：「我們全都只是擁有人類體驗的靈魂。」

你是否曾經想過，過去的經歷如何塑造了今日的你呢？我動筆寫這本書的理由之一，是希望最終能幫助大家仔細審視生活的喧囂，看清自己到底是誰，不是想成為什麼樣的人，也不是應該成為什麼樣的人，而是真實的自我。我們都知道真相會傷人，可是正如俗語所說：「真相也能放你自由」。不過，我注意到，所謂的「個人力量」或「個人真理」其實一直都在那裡，等著你去發現、理解，如果你真的受到啟發，甚至可以體現它。**選擇不去面對真相像是嘗試將一顆海灘球壓進海底。它也許會在那兒停留一會兒，但終究還是會浮上海面。**

面對真相就像是猛然撕掉ＯＫ繃。沒錯，那會很痛，可是一味恐懼必然發生的事，或否定它，只是延長你的痛苦。因此，你必須決定：今年面對真相並為它哭泣，或是明年面對真相、到時候再哭泣……。

我討論的課題與思維將有助於你在職業生涯中輕鬆獲得更多力量和目標。我很高興自己的故事與教訓能幫助數千人找到明確的職涯方向、培養他們最好的技能，並善加利用這些技能。我也很高興現在能透過這本書幫助你。最重要的是，我鼓勵我的客戶無論眼前的外在環境如何，都要堅持自己的價值。這表示必須連結到對未來自我的期許，未必是現在的你，即使你尚未實現人生夢想，也要懷抱那樣的遠景。

這正是用得著人生轉向行動方針的地方，也是我想要幫助你鼓起勇氣翻轉人生的原因。在此之前，需要誠實地檢視你的生活，看看什麼行得通？什麼行不通？接下來，我們會探討你的過去究竟如何促成今日的某些決定。

我的人生經歷結合了歡樂與心碎，而這一切引我來到這裡，成為你手中正在閱讀的內容。我的旅程可能和你的不太一樣。我曾經在職場上從事過某些意想不到的工作，但做為職涯顧問，知道高峰或低谷是什麼並不重要，因為任何經歷過跌宕起伏的人，都有同樣的感受。

我們將仔細檢視你在生活與職涯中閃避的問題所在，以便幫助你看清真實的自我和真正心之所向。我們將會打造一個能讓你容光煥發而且不會身心俱疲的生活願景。

最終，本書會幫助你跳脫陷阱，不再盲目堅持非要遵循既定的職涯規畫。這意味著你會開始提出更宏大的人生問題，讓你擺脫慣性操作，如此一來，當你完全領悟該是時候回歸自我、改變人生方向時，你就能勇敢地接受。當你從這個清晰睿智的角度出發，就能鎖定你能夠倚靠並得到啟發的一種職業規畫和生活。

如果你選擇否認，生活終究會給你一記當頭棒喝把你打醒，無論是透過焦慮、離婚、疾病、債務、沒有前途的工作、低落的自尊、或是老派的中年危機。當你願意去了解這些時刻，就會發現它們是個機遇——一種精神的覺醒。畢竟，無知不是福。無知狀態只是一種逃避真相的狀態。事實告訴我，幸福不屬於懦弱的人，而是屬於精神戰士，願意正視自己、並承認事情很糟或根本已經行不通的那些人。真相是屬於那些願意正視任何狀況、並鼓起勇氣擺脫桎梏的人，他們知道唯有騰出空間，才能實現美好的未來。

讀完這本書，你會深刻理解這些真相：你不是你的父母，而是個獨立個體，擁有自己的夢想、希望和與生俱來的能力。你也不受制於你的環境或表相——如銀行帳戶、工作頭銜、乃至於你交往的朋友。你在某個星期五的人生境地，到了星期一可能完全不同，但前提是你選擇改變。

你也將在本書中了解「追隨你的熱情」或「做你熱愛之事」等流行標語為何只是徒勞的單程票。如果你不確定職業生涯該怎麼辦，你會發現最需要的其實不是明確目標，而是重新回歸自我、知道對此刻的你來說，什麼是真實的、什麼事最能讓你感到快樂。

是時候讓我們聯合起來，相信讓群星在夜空中閃耀相同的智慧了。謝謝你與我同在，我深感榮幸。更重要的是，謝謝你願意學習如何探索自我。當你選擇面對真實的自己，上天就會眷顧你。清醒過來、提出重要的人生問題，並深入挖掘自己內心找尋答案這件事是痛苦的，但是你辦到了，你是個戰士！

心理學家朗．赫爾尼克（Ron Hulnick）曾說過：「**有意識的世界始於有自覺的人**」❶

一起為你的覺醒乾杯！

第一篇

人生轉向

你無法麻痺悲傷，卻以為自己還能感受喜悅和熱情。
所有情緒的宣洩都是透過同一條管道，
因此，如果你嘗試麻痺某種情緒，結果將會是麻痺一切。

——《人生轉向 Podcast 第二十八集：如何在實現目標的同時享受更多樂趣》
來賓：企業導師傑森・戈德堡（Jason Goldberg）

人生轉向路線圖

人生轉向 1： 處於最自然的狀態時，能為周遭注入的能量
人生轉向 2： 你的天賦與才華
人生轉向 3： 潛意識對金錢的看法
人生轉向 4： 人生中最重視、沒有商量餘地的基本原則
人生轉向 5： 讓你提升超越的因應機制
人生轉向 6： 評估核心興趣，並找出哪一個是職業生涯要追求的目標
人生轉向 7： 與人真誠交流對話
人生轉向 8： 精彩的自我介紹，引發他人支持你的事業發展
人生轉向 9： 與能夠雇用你、讓你從事夢想工作的對象聯繫
人生轉向 10： 把自己定位成所屬工作領域中有影響力的權威
人生轉向 11： 了解驅策個人職業發展的動力

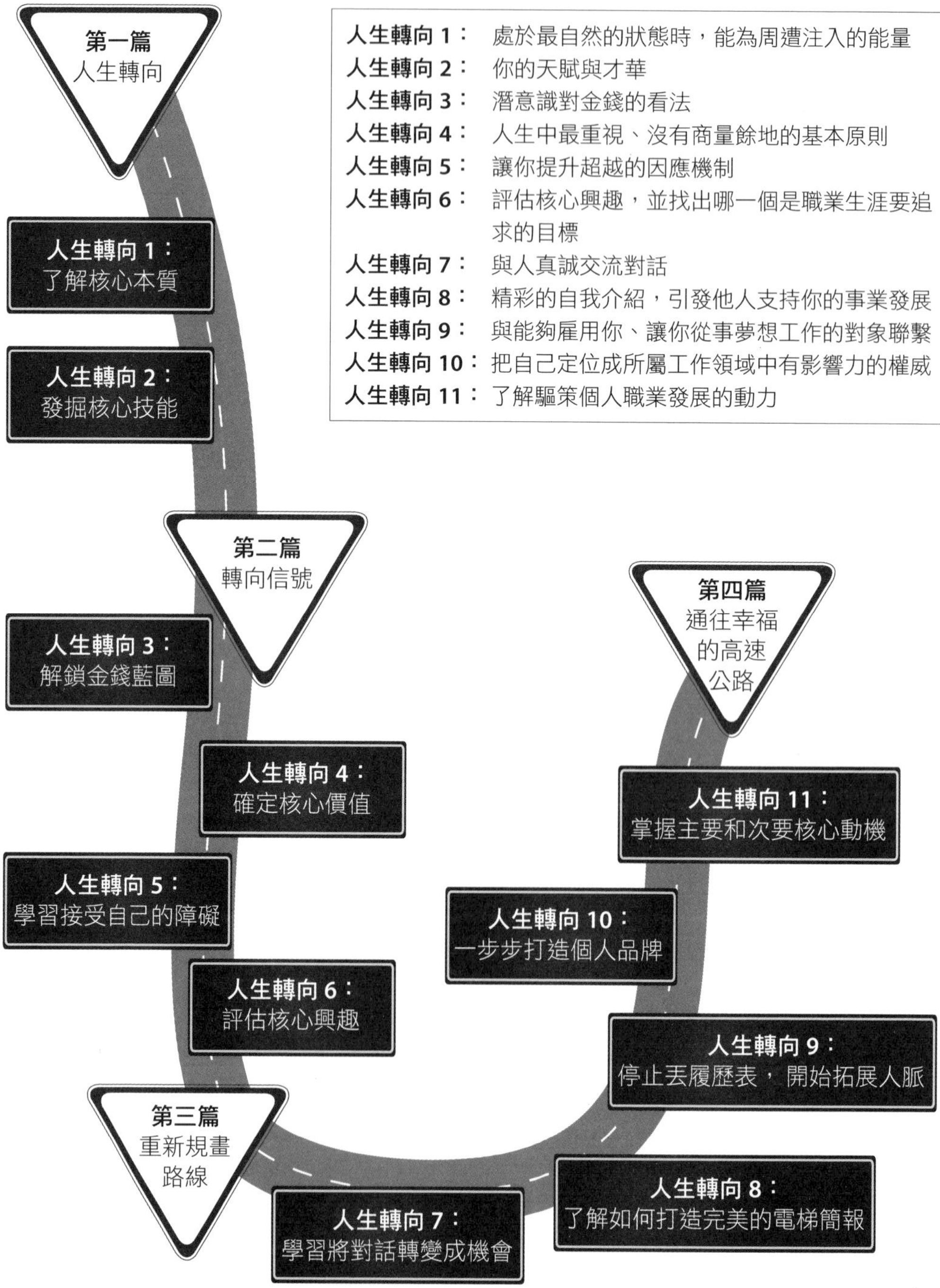

第1章

別做熱愛的事，做真實的自己

二〇一一年十月一日

我內心深處明白這一天遲早會到來，因為我無法擺脫那種不和諧的感覺，不管是對自己、對我的生活、對一切的一切。總覺得一切就像是一件令人發癢的毛衣。你曾有過那樣的感受嗎？我不是指毛衣，而是那種被困在生活中，卻找不到出路的感覺。當時我並不明白，其實我應該深入探索那種感覺，對它感到好奇，而不是一再地頑強抵抗。

直到我付出慘痛的代價才發現，越是抵抗，它益發張狂。

我知道生活需要改變，可是我不確定會怎麼改變，也不確定我是否真想要面對它。直到我發現自己拿著一把子彈上膛的點四五口徑手槍，那一刻才終於到來了。它不是一場夢，也不是對美好生活的失控幻想，而是一種自覺，一種新的體悟，我的人生將永遠改變，就像種子別無選擇，最終會迸裂並綻放成一朵鮮花，我的轉變時刻已到。手中握著那把槍，我別無選擇，只能成長。

我經歷過最大的人生轉向發生在職涯規畫。二〇一一年，我二十四歲，身為職場菜鳥，我經常自問這個社會想教導我什麼：我必須從跑腿買咖啡開始做起，再努力向上爬，或是接受一份職務，不為別的，只為了先有工作再說；我渴望更多。我心中有個聲音告訴我，我只能努力工作，迅速發展。儘管我看到眼前的結果，但我仍心懷希望，相信也許還有更多的可能。結果，有一天，其他的可能性出現了。我在洛杉磯辭去低薪的行政助理工作幾個星期後，搖身一變，成了前途光明的五角大廈新主管，負責一個令人嚮往的培訓計畫。我從洛杉磯一家廣告公司的助理，變成負責管理某項高階培訓課程，為經驗豐富的美國政府文官在阿富汗執行危險新任務預作準備；我遇到一個難得的機會，能從管理職務展開我的職場生涯。我簡直不敢相信我竟然能透過建立起來的人脈，一路過關斬將，取得這份工作。我很興奮能向資深員工學習。

坊間傳言，這份工作原本由很多聰明高階軍官出任，但最終他們都不適任。其實，這份工作的前一任職員是六十五歲的上校。為什麼他們無法勝任這個職務呢？因為軍方訓練他們把工作分派給一支大型團隊，儘管他們做得很出色，但是這份工作需要由一個敏捷、活力充沛、渴望親力親為的人來完成。在注重排資論輩而且終生致力於晉升之路的軍人世界中，我不知怎麼地成為了規則的例外。想到自己這麼年輕就當上主管，無須從基層努力往上爬，這讓我感覺飄飄然的。但我也被嚇壞了，不確定這是不是我該走的路。事實上，我當時還不確定自己的核心本質。

我在五角大廈的第一天

至少，到職第一天我就覺得很不適應。一位同事帶領我走入一條灰色長廊，我尾隨在那傢伙後頭，就只聽到我的高跟鞋發出格格不入的咔嗒咔嗒聲，在水泥地面迴響著。我們沒有任何閒聊，就連一句「嘿，恭喜妳得到這份新工作」或「歡迎妳加入我們團隊」都沒有。我不確定他是刻意想展現主導地位，還是反映出在男性主宰的軍事世界中，我只是個女人。總之他走在我前面三步，領著我走在五角大廈的走廊，彷彿我是隻試圖找到家的迷路幼犬。我臉上掛著假笑；藏在底下的是擔憂、驚慌失措和對失敗的極度恐懼。你在工作上曾有過其實內心驚恐萬分，卻還得笑臉迎人的經驗嗎？

在我旁邊的這名同事在大學時期可是東北大學（Northeast University）共和黨人俱樂部的頭頭、高爾夫球校隊成員，還曾在布希政府時期在白宮實習過。後來我才發現，雖然我們兩人做的是完全相同的工作，但是他的年薪比我高出一萬七千美元（約四十八萬新台幣）。這令人難堪的領悟讓我想知道，我要做些什麼，才能為自己充分發聲。你曾經發現某人和你做同樣的工作，卻賺得比你多嗎？

那滋味真不好受。

我環顧整個房間，發現這裡完全沒有窗戶。我費了好大力氣才爭取到的夢幻新工作，竟然是在一處碉堡般的地下室裡展開，這麼形容真的不誇張：冰冷的地板、戰艦灰牆、沒有窗戶、也沒有暖氣。歡迎加入公職行列，我一邊想著，一邊動手拉緊外套，想抵擋瀰漫整個房間裡的寒氣。現在是華盛頓特區十二月中旬，世界上沒有任何外套能拯救我。其實，那時候我每天都穿著一件被朋友戲稱為「睡袋」的大衣上班。

我被帶到這間地下室遠處角落的一張大桌子前，那就是我的新辦公室。別誤會，我對這個機會心存感激。才二十四歲就能拿下一份年薪近六位數美元的管理職務——這讓我興奮不已——而且竟然還是為五角大廈工作（稍後再詳述這段經歷）！儘管如此，當我低頭看見小型電暖器的紅光很努力地在對抗從牆面滲入的寒氣時，我還是覺得很失望。

我對自己喊話，「我是個毛衣女孩，可以應付這個狀況的。我只要雙腳保持溫暖，衣服穿暖一點，這樣就行了。」下一秒，那傢伙轉過來對我說，「這是我的辦公桌……妳的位子在那邊。」

我轉身，看見對面那個角落有張孤零零的椅子，完全沒有辦公桌，沒有桌子，只有一張椅子。我笑了，心想，這是在開什麼玩笑嗎？我甚至懷疑我的新同事是不是有黑色幽默感，想對我進行某種迎新惡作劇，但是那傢伙連眼睛都沒眨一下。

「我的辦公桌在哪兒？」我轉過身，露出好奇的微笑。他的回應讓我的肺像小氣球一樣爆裂：「這裡就像在阿富汗，女人排在男人之後」，他說，終於正視著我，隨後又幸災樂禍地補充：「有一天我們會給妳一張辦公桌，不過，妳得先想辦法贏得它。」

我記得我心想，這傢伙是還活在十九世紀嗎？假如我沒有辦公桌可以放筆電，我要怎麼撰寫一頁又一頁的情報報告呢？我真希望我能告訴你，我捍衛了自己的權益，召集雪柔．桑德伯格*（Sheryl Sandberg）、蘇珊．安東尼**（Susan B. Anthony）、葛羅莉亞．史坦能***（Gloria Steinem）和我一起，在這個地下室舉辦一場女性主義遊行，或者至少對他的性別歧視發表我的意見，並向人力資源部門舉報他，但是我什麼都沒做，而是跑去廁所哭。當然，我默默垂淚，用紙巾抑制自己的啜泣聲，因為，嘿，我現在可是在軍中服務，沒有抱怨的餘地。當時我並沒有意識到自己多麼缺乏自信心，雖然朋友都知道我會為理想挺身而出。

我擁有倫敦大學國王學院碩士學位（King's College London，該校有全球排名第一的外交事務研究所課程），以及政府學、歷史和法語三主修的學士學位，這代表多年的苦讀、流暢的法語能力、還有一份以伊斯蘭北非蓋達組織（Al Qaeda in the Islamic Maghreb）為題的論文。這一切為的是什麼？在寒冬時節待在地牢工作，還得應付不公平的薪資？這是開玩笑嗎？

* 編按：雪柔．桑德伯格，現任臉書營運長，獲選為《財星》雜誌50大最有權力的商業女性，著有《挺身而進》（*Lean In: Women, Work, and the Will to Lead*），鼓勵女性不必自我設限。

** 編按：蘇珊．安東尼，在19世紀時期，在美國女性爭取投票權的運動中扮演關鍵角色。

*** 編按：葛羅莉亞．史坦能，美國著名女權運動家，曾擔任過記者，曾撰文大力支持女性墮胎權利，被視為女權主義領袖。

我坐在單人椅中將筆電放在膝蓋上工作了三天之後，在走廊盡頭的儲藏室裡找到一個空的雙抽屜檔案櫃，它不是辦公桌，但我讓它發揮了作用。和厭女症先生並肩工作，只靠一張椅子辦公好幾個星期之後，有一位天使拯救了我。

發掘你的核心本質

我的天使名叫珍妮特（她的名字跟本書中許多名字一樣，都經過修改以保護個人隱私），是個溫柔體貼、體態豐滿的南方女子。她來自路易斯安那州，是個單親媽媽，她在海軍陸戰隊的兒子派駐華盛頓特區後，也遷居此地。她總是帶著各種烘焙美食來上班，就像我在電影中看到的老奶奶那樣，而且最棒的是，她堅持我的辦公桌應該在她的旁邊。

「他沒給妳辦公桌？」珍妮特有一天憤慨地對我說，「丫頭，妳為什麼不讓他瞧瞧妳是誰？」

我看著她，好奇地複誦她的話，「我是誰？珍妮特，也許我不知道我是誰。」

她大笑，接著說出我永遠不會忘記的一段話，「妳才剛來這裡幾個星期，讓我告訴妳，妳一走進來，整個辦公室的氣氛都改變了。妳很健談、聰明、快樂、大膽、好奇、有趣……妳可得好好善用老天爺給妳的技能，去爭取妳想要的事物。」

我盯著她看，沒有意識到這六個詞——健談、聰明、快樂、大膽、好奇、有趣——代表著我最終將創造出來的一個職涯輔導新詞，**核心本質（core nature），意思就是，在你最自然的狀態下，你會把什麼樣的能量帶進某個地方；它也反映出別人對你的感受。這些專屬於你的能量通常可以歸納成四到六個詞。**

「拿去」，珍妮特手裡拿著一張小書桌朝我走來，理直氣壯地大聲說道。

你可曾在職場上碰到有人這麼捍衛你嗎？他們改變了一切，對吧？我站起身，臉上帶著笑容，背脊挺直，眼裡充滿了意想不到的淚水。有了屬於我的辦公桌，我感覺自己終於被當成真正的專業人士看待。她讓我想起我內心一直保有的價值感，一種重視自我的感受，那是讓你人生轉向的必要元素。大多數時候，就算置身在最黑暗的地方，痛苦會使我們渴望改變。在這種脆弱狀態下，我們往往會在無意間發現那些照向我們的光。

在這個讓我覺得無比沉重的世界裡，珍妮特就是我的曙光——在一座陽剛的建築物裡，她有如強悍的、慈母般的存在——她的處世之道帶給我啟發。她的光芒讓我想起自己的光芒，我的「核心本質」，她脫口而出的那六個詞成為我日後建立自己職涯的基礎。

一個二十四歲的女子在軍中工作的問題是：我獲得大量關注——只不過是錯誤的那種關注。我敢肯定，這跟以下事實有很大的關係：除了珍妮特以外，我是視線所及唯一女性。不管這些軍人是已婚或單身，都無關緊要；我彷彿置身卡通片中，一頭小綿羊在飢餓的狼群中天真地嬉戲。

後來，我聽見某人說我是「賞心悅目的平民」，我一點也不想要受到這種矚目，而且我對自己懷有更大的夢想。

這些剝奪人性和物化女性的做法讓我開始仔細思考，起初是什麼激勵我投身公職的——有機會學習外語，並且朝我的夢想努力，最終能成為中央情報局（Central Intelligence Agency，CIA）的情報人員。那代表我願意走遍世界，運用我人際溝通的能力建立外交關係，希望能讓對方背叛自己的國家，改為美國政府蒐集情報。

回顧過去，我成長的家庭裡總是播放著新聞，令我對世界大事充滿好奇。我的「核心本質」之一，好奇心，從我小時候開始就很明顯。而且我有些親戚住在東岸，九一一事件對他們造成很大的衝擊。於是，年幼的我坐在晚餐聚會上，聆聽父母與叔叔們爭論政事。很小的時候我就告訴自己，加入公職就是服務世界——保護眾人平安。大膽是我另一個「核心本質」，而我想也許正適合這個公職的要求。你現在擁有哪些能量從小就具備了呢？

喜歡不等於工作

上大學之前，常常有人告訴我：「跟隨熱情」或「做你熱愛的事」。聽起來很耳熟，對吧？

我喜歡在大學裡修習政治學，但是當時我並不明白「熱愛的事物」和「真實自我」，兩者之間有很大的差別。事實上，我熱愛許多事物，我愛杯子蛋糕、五星級旅館，也愛按摩，但老實說吧，我將會是個很糟糕的杯子蛋糕師傅、可怕的禮賓接待員和差勁的按摩師……你可以向我的前任男友們打聽此事。

很多人認為，應該由「熱情」決定我們選擇要做的工作。我從慘痛的經驗中學到教訓，身為「消費者」和「生產者」是截然不同的兩回事。**只因為我愛買衣服（消費者），並不代表我應該成為一個時尚設計師（服裝生產者）。快樂的消費者不見得一定會是快樂的生產者。**

我懷著幫助別人的熱情踏入這份新工作，我不認為這個意圖是錯的，可是我很快就明白，想要成功或實現目標，只有熱情是絕對不夠的，我需要考慮我的「核心本質」、「核心技能」、「核心價值」等等。由於我當時還不是職涯顧問，並不明白這一切，但是我們將會在本書中仔細審視這些概念，因為它們和你的職涯發展息息相關。你瞧，每個領域都有不同的挑戰。你可以嘗試改變這些元素，但是成功往往來自如何運用它們。

沒有經驗不代表與工作無緣

我在職涯早期也學到，與生俱來的天賦總是可以勝過多年經驗。你是否曾經陷入這種思維：認為自己沒有足夠的經驗，因而無法獲得夢想工作？你瞧，我們面對的職場重視經驗的累積、一步步往上爬、以及沒有必要的商學院學位，但事情的真相是，在工作上，真實自我——你的天賦——永遠勝出。正因如此，我們會在下一章探討「核心技能」。

以我為例。為什麼我能在五角大廈獲得如此重大的職務？全拜我的溝通能力所賜。情況就是這樣，我的「核心本質」——健談、聰明、快樂、大膽、好奇、有趣——會給人留下開心、能言善道、隨時都能走馬上任的印象。

「妳真是精力充沛」，我未來的老闆在頭幾天曾經這樣評論道，「所以我要把這個領導職務交給妳……它會耗去妳大量心神，準備好接受挑戰吧。」

當下我又驚又喜，尤其前不久我還是個行政助理。猜猜看，假如我誤信「我需要更多經驗」的想法，我會得到什麼樣的工作呢？也許是另一份行政助理工作。但是這一次不同，這次我明白我的經驗與實際能力無關，我想要扮演更重要的角色、擁有更多、並且成就更多的事，而且我也做到了。

剛開始為國防部工作時，我以為我會跟一群志趣相投、立志幫助世界的人一起工作。我後來才知道，在軍中沒有實戰經驗的文職人員，很少會被視為有用的貢獻者。我很快發現，這些軍人對於挖掘這位「新俏妞」是誰比較感興趣，我時常被人問起我的生活點滴，好像對他們來說，判斷我是否單身、年紀是否大到足以勝任我的職務等，這些才是首要目標。

更糟的是，我顯然是這個基地工作人員中年紀最小的一個。因此，時常有人誤以為我是行政助理或秘書，要求我幫他們端咖啡。我迅速想出一個法子來應付這些假定。我不會說出「自己去拿那該死的咖啡啦」這樣的內心話，反而會裝傻充愣，假裝回應他們問我要不要來杯咖啡：「哦，你人真好！謝謝你，不過我不喝咖啡，我正在努力減少攝取咖啡因」。擔任領導職務時，你可曾被當成助理對待呢？對於職場年輕女性來說，真的很容易把別人認定「我們是誰」的觀點在心中內化了。

美國受雇者的平均年齡是四十二歲[1]，但是在科技業和媒體業，這個數字大幅下降。其實，人平均年齡是三十一歲，更不用說他們的執行長平均年齡是四十一歲。很有意思，對吧？我經常《哈佛商業評論》（*Harvard Business Review*）有項調查指出[2]，估值高於十億美元的私人企業創辦聽到年輕專業人士不想在職涯中飛躍前進，因為他們認為自己「歷練不足」，但這是許多人誤信的說法，才讓自己無足輕重。儘管年輕工作者已經屢次證明他們和職務相當的年長者一樣知識淵博、盡忠職守、才華出眾，但還是很容易感覺自己每一天都像是初出茅廬的菜鳥……。

我們活在必須努力證明自己的職場文化之中。事實上，你可曾在職場刻意以某種方式表現，以確保「上級」知道你很努力在做事、創造成果？這種匱乏的感覺真是夠了吧？而且，這種「證明自我」的文化讓我們無法有最好的工作表現，更不用說在職場上發掘真實自我和「核心本質」。

數字不會說謊

做為一名在男性主導世界中工作的年輕女性，國家安全部門的工作讓我直接面對這些挑戰和我自己的信念系統。身為女性，我們不只得對抗制式僵化的年齡觀念，也必須與數千年來對女性平等或不平等的想法奮戰。在今日五千三百五十萬名年輕勞動力中，女性占了四成以上。然而，只有二六%的高階經理人或資深經理，和少於五%的執行長是女性[3]。這些數字不會說謊。再說到政治領域就一肚子火，在美國國會五百三十五個席次當中，大約只有兩成是女性席次[4]。

在性別代表（gender representation）達到平衡之前，女性的年齡和美貌會對個人薪資帶來無可否認的影響。其實，我們的長相、穿著，還有周遭男性認為我們有沒有吸引力（無論什麼答案都令人感到不快），都會影響我們在職場上成功發展的機會。發表在《心理科學》（*Psychological Science*）期刊上的研究指出，一般大眾會根據某人看起來有多迷人、自信、具有男子氣概與否，認定他的能力高低[5]。儘管已有長足的進步，但這是一場打破玻璃天花板（意指升遷機會限制）的艱難戰役。

隨著時間過去，基地裡的「各路好漢」已經很明白我不是去那裡找老公的，只除了某人無法領會我的暗示。那個人名叫法哈德，他是五角大廈和阿富汗政府之間的外交聯絡官，是阿富汗的軍方權貴代表。法哈德人很好，可是老天啊，這傢伙老是喜歡擁抱人。我對擁抱沒有意見，事實上，我自己也喜歡擁抱。可是法哈德的擁抱總讓人覺得抱得太久了。由於他的外交地位，還有北大西洋公約組織（NATO）自阿富汗撤軍而日益升高的衝突，法哈德總是待在辦公室裡。不過，他會刻意出現在我的部門，在我加班時走過我的辦公桌旁，給我一個深深的擁抱。

有一天下午，法哈德與他的保鑣離開後，珍妮特看了一眼，接著用很濃重的口音模仿說，「艾希莉，很高興能見到妳」。我立刻覺得有必要為自己辯護，確保她和辦公室其他人都明白我和法哈德之間沒什麼，可是珍妮特搶先了一步。

「丫頭，妳就是個美人計」，她邊說邊翻了個白眼，繼續哼起她的南方福音旋律，「嗯，妳是個大麻煩」。

我正在準備一份以美國在阿富汗的外交政策目標為題的簡報，我停止打字，摘下我的哈利波特造型眼鏡，問道，「等等，什麼是美人計？」

我聽見坐在背後的情報分析師放聲大笑。在珍妮特有機會回答我的問題前，她的電話響了。「真是萬幸，逃過一劫」，她拿起話筒，得意地笑著說。

增加價值，還是占用空間？

有個導師曾告訴我，**在任何溝通交流中，我們不是增加價值，就是占用空間**。每當我提問時，我往往覺得自己像是負擔。你曾有過那樣的感受嗎——如果提出問題，就是在妨礙他人？

雖然害怕，我還是會拿出信心盡量發問。有時候我會讓自己尷尬出糗，再自我解嘲一番。但有些時候，我也會因為問了一些很必要、可以增加重要價值、但卻被忽略的事，因而拯救了全場。我們被教導將恐懼解讀為「別這麼做」的信號——但是我在國防部的工作中學到的一點就是勇氣；**當你在某個情況下感到恐懼，但其實有益成長，無論如何，你都得硬著頭皮去做，那就是你得到鍛鍊的機會。**

在反恐世界裡，「美人計」這個詞代表派個美女上場色誘男人，以蒐集情報。根據我的職涯發展軌跡，我猜珍妮特是對的，我的工作最後變成了她說的那種蜜糖陷阱，前往世上最黑暗的角落蒐集情報，並不是因為我想成為勾引男人的小妖精，而是因為我想影響這個世界。而你呢？什麼事能驅動你在事業上向前邁進呢？

當我同事的笑聲終於平息，而珍妮特還在講電話時，我收到一封電子郵件，它將促使我離開公職，調整我的人生方向。這封電郵的主旨是「內部攻擊威脅升高」，幾個月前我訓練的一位非軍職人員，在阿富汗首都喀布爾*（Kabul）遭到當地同僚朝頭部射擊，一槍斃命。直到今天，那封電子郵件仍縈繞在我的腦海裡。

那是我在國防部短暫的工作期間，第一次遇到我認識的某人被殺了，是在工作中成為朋友並給予支持的人。這個經驗對我的人生觀，還有嘗試在該地區完成的工作產生很大的影響。儘管不幸，他的死亡卻不令人意外。我強烈地意識到媒體所謂的「內部攻擊」這類的威脅日益升高。

「內部攻擊」指的是在被指派的任務中，並肩作戰的外國同僚突然變成你的敵人，帶著槍到工作現場射殺你，很可能是直接朝著臉部開槍。我知道把這件事放進本書中聽來很殘酷，也有點不可思議，但這就是當時我生活的世界，是我得面對的新現實——我一手訓練過的人被謀殺了！

隨著這樣的趨勢日益明顯，參與部署的非軍職人員變得更加害怕，也更好奇是否可能帶著武器赴任，以便保護自己。儘管這項要求在我聽來非常合理，但我一開始不知該如何回應。畢竟，前往危險區域不帶武器，就像高空跳傘沒帶降落傘一樣。話又說回來，雖然擁槍防身聽起來很合理，但事實是我們部署的非軍職人員中，沒有人知道如何用槍。這需要因應對策，代表我應該改變課程內容，確保學員得到適當的訓練。

推動此事對我來說其實是件好事。畢竟，我再也不想經歷收到同事被殺的電子郵件帶來的痛苦。你曾經對共事的人如此留戀嗎？

這些參與部署的非軍職人員時常和我聊到他們的家人、他們精彩的公職生涯、以及想為國家做大事的抱負。我們會從華府一起前往不同的軍事基地，進行各種祕密訓練。對我來說，載他們

* 編按：喀布爾，為阿富汗首都，該地政局不穩，曾多次發生恐怖攻擊事件。

到機場準備前往最終部署地點，一直是個挑戰，因為他們就像是我的家人，叫我怎麼能不在乎，不為他們的安危擔心呢？

滿腔熱忱是把雙面刃，它強化了我對這份工作的投入，但是當工作變得很棘手時，也讓我心力交瘁。有些人能毫不費力地擺脫死亡帶來的衝擊，但我把每個生命的殞落都放在心上。

我不知道你有何看法，但我進入職場時面臨最大的挑戰之一是，在維持專業認同之際，同時也忠於個人感受。這些可敬的人努力想報效國家，但一想到他們被部署在阿富汗，在工作時可能遭人朝臉部開槍，就讓我心情沉重。我無法將這種生命損失歸因於「工作的一部分」。我的意思是，如果這是工作的一部分，我絕對無法接受，那不是我的處世之道。

設下工作界限

佛洛伊德（Sigmund Freud）說，「**愛和工作……工作和愛，那就是人生的全部**」。工作應該是表現自我的媒介，也是幫助你在這世上成為自己的一種藝術形式，其中有美妙之處。工作也是我面對「定出界限」挑戰的地方——後來，我後來將工作視為珍愛自己的最高表現。

你的界限就是判定什麼對你有益，不只是你想做什麼，也包括你需要做什麼。你得先決定好如何在世上尊重他人。對我而言，界限包括：絕不參與說人長短，如果覺得不自在，只聽不說；

若有人提出很好的問題而我無法立即回答時，我會告訴對方稍後再回覆。你對人們在工作上互相嗆聲感到不自在嗎？我會不惜一切代價保持中立。此外，最重要的是，要知道，職場上最糟糕的一件事，就是對任何問題信口胡說。作個出色的胡扯大王是門藝術，但是說話超出你現有知識範圍可就危險了。

用那種方式劃分人生永遠不會成為我的能力強項，我並不在乎，我在其他方面表現得很好。然而，我確實開始低調行事，做好份內工作，避免與我負責培訓的人在情感上太親近。想到他們抵達喀布爾後將面臨的風險讓我覺得很痛苦，難以承受。

我時常在想：如何在秉持專業精神的同時，仍能在人際往來上保持柔軟的心？畢竟，我們天生就愛與人互動——尤其是我。我學會了不要因為對工作和同事投入感情而苛責自己。

在接下來幾週，我努力推銷新增非軍職人員武器訓練計畫的想法，並要求將它納入現有的培訓課程中。我認為如果沒有經過武器訓練，一個拿著槍的平民顧問對自己的威脅比任何人都大，我的直屬上司同意我的論點。兩週後，這個計畫已付諸實行，我們非軍職人員接受部署時，手中已經有槍可以自衛。

這一切全都發生在華盛頓特區與海外情勢已經相當緊繃的時刻。我的非軍職學員正在為部署作準備，阿富汗的內部攻擊達到有史以來的最高峰，歐巴馬總統（President Obama）大幅刪減我們派往阿富汗的軍隊人數，追捕奧薩瑪・賓・拉登（Osama bin Laden）行動力道持續增強。在這一切當中，我迷失了；我不知道自己究竟是誰，也比以往任何時候更加偏離核心本質。有時候，當我們比較關注自己感興趣或有熱情的事，而非真實自我或天賦時，就會發生這樣的偏離。當我們忘了為自己的理智和存在保留思考時間、或當我們不願放慢腳步質疑自己所訂的目標時，也會發生同樣的事。也許你擁有偉大的目標，可是你真心想要達成它們嗎？它們真的對你有意義嗎？

外派至軍事基地的日子

我開始在華盛頓特區和印地安納州的一處軍事基地來回奔波。待在五角大廈的早晨，總是充滿與阿富汗高階政府官員的旋風會議、沒完沒了的新聞簡報，還得熬夜草擬我總是寫不完的情報報告，在我寄出這些情報報告之前，政治局勢往往又發生了變化。

接下來的幾個月，我越來越少見到珍妮特，因為大多時候，我都得待在印第安納州（State of Indiana）鄉間這座占地數千英畝的軍事基地裡。這個基地被用來訓練平民第一線應變人員，還有海軍陸戰隊員，以便進行城市巷戰。它也是美國國民兵愛國者學校（National Guard Patriot Academy）的所在地，這個計畫讓某些新兵有機會取得高中文憑。

基地的生活在許多方面都和我在華盛頓特區的生活相去甚遠，印地安納州唯一讓我感覺熟悉的，就是寒冷。每回駛離印第安納波里斯機場（Indianapolis International Airport）後，我都得做好心理準備，因為這個培訓中心怪異得令人恐懼；其實，它在一九八〇年代曾經是囚禁精神病患的監獄，這一切令人毛骨悚然，走廊裡有股明顯的瘋狂氣息。通往我臥室的數道門全都沒有鎖，有些房間甚至根本沒有窗戶。就像我說的，恐怖電影般的詭異……令人不寒而慄。

我每天都在懷疑：我為什麼要這樣做？我到底是誰？從前，我想要一份能助人的工作。如今我確實完成了那個使命，但我卻覺得好空虛。我知道如果我打算做一份工作，不管是什麼，尤其是像我每週得工作超過六十小時的這種，應該要讓我覺得很充實，而不是被掏空。我體認到，我們不該只為了熱情工作，也不該只為了實現使命而工作。我們工作應該是為了能在世界上表達自我……但是我卻感到備受壓抑。

我的責任日漸沉重，無所謂，反正這裡也沒別的事可做，我發現自己每天晚上伏案工作得越來越晚。週末即將到來的喜悅開始變成每週工作七天。可能是因為我置身窮山僻壤之中，外頭又天寒地凍，自由活動的時間對我失去了價值。星期六和星期日只不過是額外待在辦公室的日子。我的健康江河日下，我的飲食狀況混亂不堪。吃奶油夾心蛋糕當午餐？好啊。

在某些夜晚，其實是大多數夜晚，我會一直工作到連晚飯都忘了吃。如果你以為那是因為我想嘗試洛杉磯好友大力推薦最新流行的減肥飲食法，你可就錯了。那跟我從小被教導的職業道德有關。我從小就抱持著一種錯誤信念——後來我才學會質疑它——也就是「工作得越多，你就越有價值」。雖然從理論上、或從父母給孩子建議的角度而言，聽起來很棒，但是，無論我在辦公室加班多久，或是多努力工作，在桌上的安全報告還是持續堆積如山。

如今我明白，**我增加的價值不見得必然與我的工作時數相關**。沒錯，我提出的報告數量比大多數同事更多，也因為既能培訓又能支援新成員，同時還能在後端管理所有的後勤運補，而建立起好名聲。我慢慢獲得上司和同僚的敬重（甚至是共和黨人高爾夫球隊長先生）。從外表看來，我的工作表現亮眼，然而，那正是人生轉向的問題所在——財務上的成功並不足以讓你願意保持現狀。成功往往只是一門科學，一套循序漸進的公式，但是「成就感」真的是一門藝術。事實上，我很快就明白，**成功可能會變成沒有出路的跑步機**。

我不斷工作，為的是感覺自己值得尊敬、或是這個職務我當之無愧。你努力工作，只是為了向自己證明你有能力做某件事嗎？那就是在五角大廈時的我。

「妳瘦得只剩皮包骨」，我的手帕交在電話上這麼說。為了讓置身印地安納州這個人煙罕至地方的我感覺和世界不那麼脫節，我會傳自拍照給她們，這些照片從我坐在辦公室裡，到戶外雪地上都有。

「我想我只是有點沮喪」，我通常會這麼回答。我省略晚餐持續了好幾個星期，直到我人生中最糟的一夜到來。不過，其實這取決於你如何看待人生的旅程；陰與陽，生活中經歷的上下起伏，也許，那一夜是我人生最棒的一夜。我會這麼說，是因為它後來成了我職涯轉向的觸發點，並且帶來撰寫本書的靈感。**如果你願意改變觀看的角度，任何問題都可以說是一種福氣。我們的**

痛苦經歷多半可以當作彈跳床，將我們推向人生的下一個階段。

別浪費精力抵抗

你知道火箭光是為了升空，通常得損耗接近一半的燃料嗎[6]？同樣地，起步可能是任何目標最困難的部分。多年來，我時常感覺到內在有股不斷敦促的聲音，希望我為自己的人生做出某種改變，而我一直都沒有認真傾聽。可是，我們為什麼會選擇忽略那些心聲呢？因為我們向來被教導「將就」就夠了。但其實不然。你上一次說某件事「將就」一下是什麼時候？對你來說，你真的覺得可以「將就」嗎？

身為職涯顧問，我發現說將就的人通常只是還沒意識到自己的痛苦。我開始了解到，對任何事都很冷淡（無論是工作或其他方面的事），這是個指標，代表我該進行自我檢討，誠實地面對自己的人生了。無論你多熱愛那份工作、那段關係，或是那條舒適的牛仔褲，我們往往會淘汰那些曾經讓我們感覺很自在的事物，就像我們突然醒來，發現舊有的生存策略或方式似乎不再管用，不過這是好事，因為我們被迫得找出新方法。這就是成長。

套句分析心理學大師榮格（Carl Jung）的話，「**凡是你抗拒的，不只會持續存在，還會不斷壯大。**」通常，當你抗拒現實，不過是賦予它更多的能量。想想所有最刺激的愛情故事：羅密歐與茱麗葉、邦妮與克萊德（Bonnie and Clyde）*等等，他們最終向自己的欲望屈服，因為抗拒是痛苦且累人的。事實上，有時可能是一整天都在刻意忽略，因為你的精力會默默集中在對付你所抗拒之事，無論那是什麼。所以，你不只浪費寶貴精力試圖避開心中一直困擾你的事，而那樣的努力是徒勞無功的。很諷刺，對吧？真相是：一旦我們願意正視必須面對的一切，剩下的部分就會變得容易多了。

對我來說，那股力量來自一名身高一九〇的軍事訓練官。

早就過了晚上十點，而我又再次工作到錯過晚餐時間。過去幾個小時以來，我是唯一還留在辦公室裡的人，忙著寫我的情資報告。直到報告頁面上的文字開始變得模糊難辨，我才意識到止不住的飢餓感。該休息一下，去吃頓像樣的晚餐了。於是我停止打字，抓起外套，走向基地的自助餐廳。

當時是二月初，持續三天的積雪像是一層蘇打餅乾，在我的健行鞋下嘎吱作響。橫越廣場時，我注意到自助餐廳的燈光是熄滅的，環顧四周，我看見附近大多數建築物也都一片漆黑。當我低頭看錶，心想我可能又忙到過了午夜時分（自助餐廳的打烊時間），有個東西擊中了我。那記暴力、讓人腦震盪的重擊狠狠打在我的後腦杓上，使我狠狠地摔倒在地，我的臉被壓進眾人踩過的雪地裡。我不知自己身在何處，而身體也不知怎麼地無法移動。某個東西或某人正在攻擊我。

我出於本能企圖反擊，但是置身暴力中，我只聽見有個聲音高聲喝斥：「別動！閉嘴！」我被一股蠻力拉著站起來，感覺兩隻手臂都快要被扯離身體。我的眼睛還來不及辨認攻擊者的模樣，一只袋子就套上我的頭，束帶緊緊勒住我的脖子，幾乎切斷所有氣流，我快要不能呼吸了。不知什麼原因，這整件事讓我想起電視影集《反恐危機》（*Homeland*）其中一集：國外寶貴人才被搶走（綁架？），並塞進一台待命的小貨車中。整件事迅速、暴力且精確。

突然間，我明白這是怎麼一回事。這是誤會，是我的錯。當我感覺自己被用力扔進一台未熄火的悍馬車時，我想起當天早上我的上司特別交代：「艾希莉，今晚十點以後務必待在妳的營房裡。海軍陸戰隊會在基地進行擄獲後格殺訓練活動。如果晚上十點以後妳還在外頭活動，妳就是可攻擊的對象。」

「這是個誤會！放開我！」我開始放聲高喊，「我是非軍職人員培訓計畫的主管！讓我離開！我知道你們正在進行訓練，而我不該外出活動！我忘了，該死的！快放開我！」

我猛烈扭動身體，不讓這些傢伙輕易得逞，好吧，也許對他們來說不痛不癢，但是在我被重摔進悍馬車座位上之前，至少我到處回敬了幾拳。罩在我臉上的頭套被扯掉，好幾道手電筒燈光刺得我眼睛睜不開。我又再次身處在錯誤的聚光燈下。

＊ 編按：邦妮與克萊德是美國一九三〇年代著名的鴛鴦大盜。

「給我看妳的證件！」一個蓄鬍、滿嘴口臭的彪形大漢朝我大喊，像是個軍事訓練官。他點頭示意兩個肌肉發達的海軍陸戰隊員把我扶起來，讓我能從外套口袋裡挖出識別證。他懷疑地快速掃視我的識別證後，我終於獲釋。我假裝展現權威和自信心，從那個駭人的鬍鬚男手中一把搶回我的證件，還用冰冷的目光狠狠瞪他。我穿過一群海軍陸戰隊隊員，他們紛紛從陰影中現身，接著又散去。

「妳現在是和軍隊打交道，所以妳該開始聽從命令了，妳聽懂了嗎？」他大吼。我停下腳步，想找出某種機智的回答回敬他，可惜我想不出來。我只好繼續往前走，接著這個鬍鬚男又咆哮道：「小妞，下回等著妳的，可就是恐怖大冒險囉。」

這次，我沒有停下腳步，也沒打算回應。我逕自走回房間，放聲痛哭。臉上淚珠滾滾而下，我比以往任何時候更加感到格格不入。翌日清晨，窗外鳥兒的啁啾聲喚醒了我。時間是早上六點四十五分，昨晚的劫持感覺就像一場噩夢，直到我嘗試坐起身來關掉鬧鐘。我不會只說我的頭痛是來自一開始被擊倒在地，或是那個鬍鬚男用膝蓋猛力撞我的下背部，我甚至不會說他們拽著我橫越廣場時，弄傷了我的手臂。我全身上下都痛，這一切都令人心痛。

儘管如此，我想受傷最重的，是我的自尊。倒在地上的那一刻我就明白自己粗心犯了錯。此外，軍中沒有犯錯的餘地——除非你想落得袋子罩頭的被俘下場。人生有時候就是這樣，蒙著頭，任憑你認為理所當然的人生慢慢讓你窒息。歡迎來到人生轉向：一個會把你嚇得半死，但從長遠來看對你有幫助的境界。

現在的問題是，你準備好了嗎？

人生轉向 1

了解自己的核心本質

咱們老實說吧，我們的自然狀態是愛，那就是我們的天性。然而隨著時間成長，我們學會了恐懼，那是在現實世界生存不可或缺的內在警報系統。我們學會過馬路前要先確認左右來車。我們學會害怕與陌生人交談。我們學會爐台正熱時不要碰它。在成長的路上，我們受到傷害，停止冒險，變得裹足不前。

人們常常會說自己很「務實」或「實事求是」，因為做出了感覺「負責任的」選擇。由於害怕讓自己面對挑戰，寧可選擇相信可能性有其侷限。畢竟，如果我們不再躲藏，就容易遭受批評和痛苦。但是如果我們對自己誠實，就知道自稱「務實主義者」的人，多半是一路走來傷透了心的空想家。所以你該如何做出人生轉向呢？你該如何回歸真實自我，並且弄清楚你真正想要的是什麼？

你得徹底了解自己，回到你的核心本質，也就是說，知道自己處在最自然而且誠實的狀態下會有什麼感受，以及他人和你相處時對你有何感受。

我數不清有多少客戶來到輔導課程，告訴我他們想要找到明確目標（clarity），好像這是可以在星巴克立刻點到的東西，但是身為職涯顧問，當我聽見有人說他們被困住了，或是他們需要明確目標，我立刻感到好奇。事情的真相是：當你與自己心意相通時，明確感唾手可得。這就是為什麼明確感通常不是問題……問題在於偏離自我。其實根據研究指出，儘管我們身邊環繞許多統計上和經濟上看來像我們一樣的人，前所未見，卻是最孤獨的世代[7]。我想要解決這種偏離自我的問題，所以創立了「職涯明確實驗室」（Career Clarity Lab）這個線上課程，幫助你獲得最理想且最匹配的職涯選擇，找回本來就存在你心中的明確感。

那麼，和那些數據、收入、教育與生活形態跟我們很像的人，我們為什麼感覺不到心意相通呢？因為我們沒有做自己。當你沒有與自己真正連結，沒有回歸真實的自我，也就很難知道喜歡什麼、不喜歡什麼、或是真正感興趣的是什麼。正因如此，找出自己是誰和真正的本性，首要之務就是「認清自己不是什麼樣的人」。

徹底了解自己和回歸真實本性，究竟是什麼意思？還有，談到實現你的天職（calling）時，為什麼了解自我本性如此重要呢？

這不只是關於我，一個女孩自以為得到夢寐以求的工作，卻發現跟自己想像的不一樣；這是關於所有人在決定事業與人生方向時，往往會忽略自己的核心本質，亦即展現最好一面時的自然狀態和精力。我們會選擇慣性操作，開始優先考慮輕鬆且短暫的興趣，而不是自我本質。最終，我們會害怕面對真實自我所帶來的脆弱感，結果變得一點都不像自己。這對職涯是有害的。

我的領悟

發掘核心本質需要兩項承諾：

一、向朋友與家人尋求意見，這些人最了解你、也真正知道你是怎麼樣的人。

二、檢視你對人生中與事業上應該扮演什麼角色所抱持的恐懼、障礙或限制，那些東西會讓我們看不清自己是什麼樣的人，以及真正想要的滿足感。

因此，讓我們從尋求回饋意見開始。我注意到，當我的 Podcast 節目《人生轉向》開始邀請來賓後，他們往往會就我的訪談技巧給予回饋意見。自始至終，他們告訴我的多半是，「哇，妳人緣真好」，或是「哇，妳的見解真高明」，「妳真的很好聊」。像這樣的稱讚就是你該多多留意的關鍵，因為他們指出你的核心本質。

看看我在五角大廈時珍妮特對我這個人的看法，跟我從親朋好友那裡得到我核心本質的回饋意見相當一致：擅於溝通、聰明、快樂、大膽、好奇、有趣。

接著你得自問：哪些職涯路徑需要這種能量？哪些職業是以我的核心本質做為基礎？我想到的是獵才顧問、房仲、演講者、作家、教師、喜劇演員、行銷傳播經理、詩人……只要你想得到的，都包含在內。

我經常看見人們在職業規畫中最常犯的一大錯誤是，把自己限制在一、兩種基本職銜上，而沒有領悟到自己的本質其實很廣闊，適合發展許多職涯路徑。

實際應用

練習一：你可以提出以下問題，請朋友、家人或同事就你的核心本質提供回饋意見。

一、你何時會看見我表現出最棒的一面？

二、當我走進房間，現場氣氛感覺有何不同嗎？

練習二：仔細研究使你遠離核心本質的障礙。

一、你的家庭是如何談論事業成功或成就感的？你的父母是怎麼看待他們的職業？

二、你對成功的第一印象是什麼？更重要的是，你對事業失敗的初次記憶又是什麼？這可能來自你看見雙親遭遇的經驗，也可能來自你親身的經歷。

a. 問問自己：那個片刻或情境對生活或周遭世界有何意義？對本身又有何意義？

三、填空：我現在並未從事我想要做的工作，因為我不＿＿＿＿＿＿＿＿。

(1) 答案是什麼呢？你認為是什麼阻止你去做想做的事？通常，無論空白處填的是什麼，都只是你長久以來一直抱持的錯誤信念或思維，正是這些信念阻礙了你的本性。它們通常來自對你造成影響的記憶或經驗。畢竟，創傷不見得一定是有大事發生在你身上——而是跟你如何理解它、以及你決定相信什麼有關。

結語

對我而言，好消息是我自己很清楚，拿著一把點四五口徑手槍並不符合我的核心本質。顯然，零度以下的天氣、飢餓的飲食狀態、或厭女症也都不適合我。我的核心本質是喜悅的，想當然，這在長期處於恐懼的軍事環境中是行不通的。這個領悟後來促使我成為作家和演說家。但是請記住，**若你從事的職業不適合你，你得拿出勇氣走進你的核心本質，而有時候，那代表要勇於跳脫你目前所在的環境。**

第2章

最糟的背叛就是違背真實的自我

二〇一二年一月十七日

我在印地安納州被鬍鬚男及海軍陸戰隊成員擊倒的瞬間，突然意識到我的生活完全不諧調，我根本是在夢遊中工作。然而我還記得：我是人類，要知道犯錯是人類經驗與成長很基本的部分，但我不禁納悶，為什麼我們還會為了失敗而自責。

先前慘痛的軍事基地訓練提醒我，**痛苦往往是成長的單程票**。事實上，有研究探討這件事。你知道經過累人的運動後，當你覺得疲憊不堪時，其實是正在改變肌纖維的化學反應嗎？你透過拆解自己，確實正使自己變強[1]。同樣地，我最終明白，**成功往往只發生在一連串的失敗之後，而失敗只是我們用來創造成功的部分魔法**。我開始相信失敗是中立的，只是讓我們改變路線、重回自己命運的訊息。其他時候，我把失敗視為我們迎向挑戰或個人優勢得到的回饋意見。更重要的是，我知道自己遠遠超乎任何的成敗。

身為人類，我們在生活中習慣於搖擺在各種判斷之間：我是好人、我很刻薄、我很胖、我太瘦、我真聰明、我笨死了、我很成功、我失敗透頂。這一切使我們忘記真正的自我有多巨大。老實說，人生就是這樣的二元論。為了理解你的偉大，你得安坐在你的渺小之中。為了變成熟練，你必定曾在某個時間點是個初學者。覺醒最重要的就是理解並接受這些二分法。

鬍鬚男把我看得很渺小，可是我不想因為他對我的有限經驗來看待自己。在我內心深處，有部分的我（並非全部）知道我已經接觸到一直存在我心中的偉大之處。說也奇怪，我們往往會因為太過明顯反而沒看清楚，忽略了我們的天賦和才能，尤其是最根本、最自然、在職業生涯中無論何處都伴隨我們的核心技能。就我的情況來說，以前我並不知道我的核心技能就是語言文字——演說、書寫或只是一般用途，它實在是太……明顯了。

骯髒的擋風玻璃

我們的人生常常就像開車向前行，透過骯髒的擋風玻璃往外看。這個髒汙正是我們自己的錯誤信念，阻礙我們看清未來的道路和所有的可能性。這個髒汙使我們的人生旅程充滿批判、恐懼、懷疑、限制性信念和擔憂，也使我們徹底遠離真實自我。做為職涯顧問，有許多客戶走進我的辦公室，都相信他們缺乏明確目標，需要在生活或職場中找到意義。

那完全是錯的，他們真正需要的，所有人都需要的，是把擋風玻璃擦乾淨，也就是說，要好好思考那些髒汙：關於我們自己和他人的評價、對於未來可能性的侷限想法、以及我們告訴自己的故事，特別是將我們限制在渺小之中的說法。在這裡，我們看清眼前面對的問題並不是缺乏明確目標——而是與我們自己斷了線。

走出營房，在前往基地淋浴間的路上，我在為武器培訓新課程的第一天做好心理準備。我仔細打量鏡中的自己，我的黑眼圈前所未有地深，臉色蒼白，顴骨凹陷，雙眼因為昨晚哭到睡著而浮腫，呼吸感覺很困難。轉過身，我看見背部中央有個壘球大小的瘀青，毫無疑問是擄獲格殺訓練噩夢時，鬍鬚男的膝蓋用力頂我的背造成的結果。我試著告訴自己我沒事，但是看著鏡中的自己，我知道事實並非如此，差得遠了。我這輩子從未感覺如此疲憊，不是那種好好睡一覺就能解決的疲倦，而是一種情感上的倦怠，除非你有過同樣的經驗，否則很難說明，那是一種空虛感，我想念我的家人、朋友，還有正常的生活。

當溫水落在我的皮膚上，我想著我之前的生活，也許是嘗試宣洩情感客觀看待這些事，或是回想一些美好時刻以尋求安慰。我發現自己對人生中做出的種種選擇、及對日常生活所帶來的影響感到疑惑。我想著遠在洛杉磯家鄉的朋友們，想像再過幾個小時後，她們會醒來、上妝、決定今天想要表達的時尚主張。她們會不會在晚上全部聚在一起，聊著生活和社區裡的大小事——做這些我十分想念的事嗎？她們會坐上自己的車，在開去日落大道、前往市中心上班前，停在星巴克買杯咖啡，再迎接她們的創意行銷工作。回憶往事這招行不通，這些心中的想法似乎只會讓我感到悲傷。無論我多努力嘗試，都無法掩飾自己的痛苦、尷尬，和前所未有的孤獨。

孤獨與寂寞

我的人生中曾有好幾次感覺很寂寞，但是從未感到完全孤獨。直到現在，我明白感覺「寂寞」和「孤獨」兩者有很大的差異。過去我感覺寂寞時，還是知道我的人生中有人愛我，只是覺得他們無法理解我、或是我所經歷之事。

然而，**當我感覺孤獨時，就好像是有個巨大裂縫存在於我和世界之間**。我的孤獨感彷彿像是置身在人海中，卻覺得自己是隱形人。它讓我想起重感冒時，很難聽見的感受，你感覺緩慢，彷佛周遭的人匆匆走過你的身邊。我可以忍受寂寞，但孤獨讓人感到黑暗無望。

我穿上衣服、套上靴子，前往武器培訓課程。我應該對自己待在華府期間創造出這項計畫感到驕傲，但我既不自豪，也沒有自信。我只覺得十分挫敗，感覺精神上很不快樂，像是一種深深的空虛感滲透全身每個細胞中。這種精神上的不愉快像是一種存在危機——不知道為什麼我會在這裡、活在世上的目的是什麼、甚至有任何存在意義嗎？這一切最糟的並不是對工作感到不自在；而是無法明確知道我的下一步該往哪走的絕望感。這種絕望感是一個指標，顯示此時該是回歸真實自我，做出人生轉向的時候了。

失敗不過是回饋意見

當人們在工作上「失敗」，只是代表他們的工作不符合自身的核心技能，也就是他們天生最自然的才能或天賦。

當我們面對工作上的「失敗」，通常是被解雇、或升遷無望時，我們會心想肯定是自己哪裡有問題，或是自己能力不足，但事實並非如此。實情是，這種「失敗」不過是回饋意見，告訴我們該是時候重新回歸核心本質，改變人生了。其實，每個人在運用自己獨特核心技能時，通常是十分自然又輕而易舉，以至於根本沒注意到它有多特別、或是我們有多麼嫻熟。以前大學教授告訴我，每個人都有某種特殊天賦可以貢獻世界，當時我認為這說法很俗氣，可是如今身為職涯專家，我才發現那其實是真的。我相信大多數尚未釐清自己工作目標的人，是因為下列兩個理由之一：一是他們相信自己別無選擇，必須在既有的道路上繼續挺進；二是因為他們尚未下定決心要發掘自我。

「好工作」的致命陷阱

現在回想起來，我的心智擋風玻璃上有好多髒汙：如果我離開這份公職，多年來的苦讀就成了「白費功夫」的錯誤信念；如果我離開這份工作，我的職涯就必須「一切重新開始」這種不理智的想法；擔心如果我最後回家待業，大家會同情我；批判我對工作很輕率、或是離職會毀了我的資歷。

難怪我們會發現自己被困在討厭的工作裡、讓我們不快樂的關係中、或是任何違背我們真實本性的事情。人類有部分的天性是，會用他人的眼光來衡量自己。事實上，我自己是個快樂、幽默的人，不會把事情看得太嚴重。所以我怎麼會從事反恐工作呢？它不符合真實的我，也不符合我的核心技能，我只是陷在「這是一份好工作」的致命陷阱裡。

辭職，才是狠角色

被鬍鬚男撂倒的翌日清晨，我走了好長一段路到靶場，在這過程中，我發現自己努力想忘掉前一晚的綁架經歷，但卻做不到。被那些男人制伏、罩在我頭上的袋子、哭著入睡造成的頭痛欲裂，以及被當成戰犯似的對待所造成的身體瘀青，種種感受實在難以忽略。

我想要離開，可是不知道該怎麼辭職。我把多年的教育和大筆學貸傾注在研讀政府學，甚至還取得國際關係的碩士學位，我學了外語，向全世界宣告這就是我的道路。它是我小小的光明計畫，以免大家為我煩惱。該死，它讓我不會為自己擔心。我怎麼能輕易說辭就辭呢？

後來我才發現，辭職不見得是輸家；有時它其實是保留給贏家的。畢竟，**你得有一定程度的勇氣，才能承認某件事爛透了，而且對你行不通。**在一個凡事看重計畫、工作年資和對公司忠誠度的世界裡，辭職是狠角色才做得到的事；他們願意面對自身現實，並鼓起勇氣採取行動。

那些盤旋在腦海中的種種念頭

即使我知道這工作不再適合我，離開五角大廈的念頭還是讓我很害怕，甚至更害怕面對未知。寧可跟認識的魔鬼周旋，也不要和陌生的魔鬼打交道，對吧？錯了。我實在是太痛苦了，不得不振作起來。有史以來第一次，我願意拋棄讓我困在其中的藉口：

「我應該等到升官再說。」

「我很幸運才能拿到這份工作。」

「我再也不可能得到這麼棒的工作了。」

「我只需在這份工作待滿兩年的資歷。」

「工作本來就很辛苦。」

「我需要出人頭地。」

「下一個老闆可能會更糟。」

「我好不容易努力拚到這位子——如果離開，就全都白費了。」

我擦掉眼淚，走上靶場，目光掃視全場好一會兒，突然間一句話脫口而出——我輕聲地自言自語：「妳不是必須辭職，而是選擇辭職」，這個區別為我改變了一切。我很感謝有機會做這份工作，不再覺得是工作的受害者，我發現自己有了自信，我明白對這份工作不滿意不代表我不感激。比起過去幾個月來，我感覺更加了解自由的真諦，領悟到了真正的自由跟眼前的銀行帳戶數字無關，而是攸關我願意不顧其他誘惑，忠於我內心的聲音。我想要不只是「還不錯」的人生，即使那是以感覺舒適或合適為代價。我太在乎自己，無法任由自己停留在悲慘境地。離開那份工作感覺像是一種榮耀，讓我想起我在這個世上的自由，也就是創造自己的事業、人生自主的那種自由。

我才剛嘗到這新發現的自由滋味，絕望立刻悄悄溜上心頭：**如果我突然回家，大家會怎麼說？他們會認為我是個失敗者嗎？他們會因為我重回洛杉磯而可憐我嗎？**稍早之前我們曾談過這種二元性，可是人類如何在心中保有兩種完全對立的情緒，這一點讓我很著迷：自由／絕望、喜悅／心碎、感激／悲痛等等。回顧過去，這往往是我們在嘗試改變人生方向時會發生的事：我們原有的生活方式和舊自我死命地努力想控制我們，試圖讓我們留在舒適圈。我們不是固守原位，就是勇於改變。

可是魔法不會出現在固守原位中，而是存在於這樣的時刻：你坦然直視過去的生存方式，心中充滿自信與信任，說：「這次不行，這次我不會聽你的。今天，我選擇成為自己心中理想的那個人」。魔法存在於勇於改變。

在我痛苦地走到令人畏懼的訓練設施後，我發現自己站在海軍陸戰隊教育班長旁邊，他正在分發手槍給我們的非軍職受訓人員。我人在那裡，心卻飄得老遠。我望向靶場後方的樹林，想起恐怖電影《魔山》（*The Hills Have Eyes*），那片森林有種令人毛骨悚然的寂靜。我感覺自己很渺小又無足輕重。我從自由到絕望，再到不再在乎任何事。

砰！砰！砰！槍砲聲在我四周爆發，把我從情緒風暴中拖出來。隨著每一聲槍響，我的身心都像身處戰區似的，受到砲彈的衝擊。事實上，我確實正在打仗，一場思緒的掙扎奮戰，對抗更高的自我，它知道該是回家的時候了。

在一片槍砲聲之間，一名學員輕拍我的肩膀。

「來」，他說，「幫我拿一下，我去上個廁所。」

我還來不及拒絕他的請求，低頭就看見一把裝有子彈的點四五口徑手槍躺在我的手中，才剛剛被發射過，感覺暖呼呼的，而且好沉重。我嚇得毛骨悚然，領悟到這是我第一次握著一把槍，我馬上決定這也會是最後一次。

我究竟在這裡做什麼？我心想。當你始終不曾聆聽自己的心聲時，就會出現這種時刻，知道自己真的受夠了。突然間，真相的聲音變得如此響亮，你別無選擇，只能聽從。我走到那位教育班長面前，將那把手槍交給他，隨即走開。

「等等，妳要上哪兒去？」我聽見那位教育班長問道，但我並沒有回頭。把槍交給我的那名學員朝我走來，但是我沒有和他眼神接觸。

我只是繼續向前走。戒酒無名會（Alcoholics Anonymous）對這種情境有個很知名的概念：崩潰與突破（breakdown-breakthrough），其他人稱之為「大排空」（great emptying）。這些概念代表，**為了迎接新事物，你需要徹底清理你的人生，如此一來，等於為一股新能量創造出空間**。隨後，我會學到陷入人生谷底的尊嚴，那是個寶貴的境地，使你充滿最深刻的人生體悟——也就是說，如果你願意反思的話。因此，即使在人生最艱困的低潮時刻，也不要喪失自己的尊嚴。處於神聖的谷底之際，我當時內心充滿恐懼。

你知道，**同事可能背叛你，親密伴侶可能背叛你……可是最糟糕的背叛是你的自我背叛**。我回到營房收拾行李，我的上司走了進來。「艾希莉，妳不能走」，他說，「來自國務院的十四名大使向他們的國家推薦這項訓練計畫。我們希望妳能去南蘇丹、菲律賓，所有的國家，我們會給妳加薪。」

我心想「我們會給你加薪」這幾個字往往讓很多人身陷其中。我記得我們追求高薪只是為了達到目標後會讓我們感覺很好，在某種程度上，我們只是在追逐達成目標所帶來的感受。**我想金錢能給我安全感，可惜我得用健全的心智去交換它。**在那一剎那，我確定我的內心平靜和命運太過珍貴，我不願拿去交換。

感覺像是宇宙一如以往在考驗我對自己的承諾。不過我明白，為了保有我的自由——做自己、找出真心喜愛的工作和勇敢說不的自由——任何代價都不算過高。「我要辭職了」，我說，「我會搭機回華府找人來接替我。」

他很欣賞我，不想對我說難聽的話，因此放棄說服我，只說：「我知道了」。

歷經數個月試圖平息心中那股直覺聲音，不斷告訴我該離開了，這個時刻終於來到了。儘管有些人在這樣的時刻會覺得傷心，我卻得到啟發——疲倦，但是得到啟發——因為人生中最重要的是，我們如何展開像這樣的時刻，如何理解個人經驗。你如何看待問題才是問題的關鍵。

腸道、直覺和第二大腦

我拿起手機撥給我有點古怪的關妲阿姨：「關妲，我不知道該怎麼告訴任何人這件事，可是我想我得辭職，而且搬回家住。

「恭喜呀！」她回應道，「該是讓妳的靈魂停止凋亡的時候了，妳什麼時候回來？我們來開一場派對！」

接下來，我打電話給高中時期的死黨卡拉。「天哪」，她說，「接下來妳要做什麼？妳打算怎麼支付帳單？妳確定要這麼做嗎？」

我掛了她的電話，剎那間，我懷疑自己的直覺。長久以來，人類腸道（大腸與小腸）被認為與大腦連結在一起——我們稱它「本能」（gut instinct）是有理由的。而直到最近，研究才開始證明這兩個「大腦」多麼密切相關。人類腸道被稱為「腸神經系統」（enteric nervous system, ENS），也就是第二大腦，是由二到六億個神經細胞所組成（和貓或狗的大腦同等大小！），和複雜的微生物生態系統並肩工作[2]。當一切進展順暢，我們的腸道會把這種良好感覺傳達給腸神經系統，扮演與真正大腦之間的連結。正因如此，我們的胃部能「感受」正確的行動、以及「錯誤的」決策。最終，我們必須前往我們被導引的地方。

此刻，我得面對接下來該何去何從的問題。**一個精彩的職涯始於真實自我和天生的技能與天**

賦，而非熱愛、或自認為熱愛之事。在那一刻，我很快地自我檢視一番：我很擅長談判、求職、寫作、與人相處，我是個努力工作的人。

等我成為職涯顧問後，我才發現，職場上大多數員工的核心技能可歸納為十種，每個人通常會有一種在工作中最常運用的主要核心技能。你的核心本質是你的能量來源，也是大家與你相處時對你的感受，你的核心技能反映出你擁有的天生技能，你工作成效最好的形式；這可以是任何事，從寫作、到快速處理數字、到建造事物。簡而言之，**你的核心本質是指你帶入的能量，而核心技能則是你在工作中最擅長、最能充分運用的技能。**如何知道什麼是你的核心技能呢？通常是無論工作職責是什麼，都會滲透到工作中的某種技能，因為你會不自覺展現自己。正如前文曾經提過，我的核心技能是語言，這是我在任何工作都會用到的一項重要技能，也是我在職場上能有所貢獻的基礎。無論我從事什麼工作，即使當我十六歲，擔任幼稚園櫃台人員時，我總有辦法讓我的工作和語言有關。我會編輯廣告手冊，主動和走進來的家長說話，或者為學校的電子報撰寫內容——即便他們沒有要求我寫，我也會主動幫忙。有一次，我甚至在幼稚園的畢業典禮主持講台，就我對成長的感受發表演說，園長都不知道該拿我怎麼辦才好，但是情況就是這樣，我大大展現出眾的語言核心技能，純粹因為好玩而發表了一場即興演說。

過去，我忽視這些天賦，從未想過我是那樣獨特，我以為每個人都能信手拈來運用語言，事實並非如此。當時我並不知道我後來會發展成網路上第一個千禧世代職涯顧問，透過一門非常暢銷的線上課程——「工作機會學院」，創造出數百萬美元的營收，幫助用戶取得他們熱愛的新工作。這個課程擴展到全世界三十一個國家。

當然，那是我在那一刻作夢也想不到的，一切美妙之事都是發生在當你感覺受困時。社會教導我們要「堅持到底」、永不放棄，即使放棄意味著實踐真正適合我們的道路。可悲的是，大多數人不願改變，直到當前處境的痛苦超過了他們對未知的恐懼。為什麼會這樣呢？為什麼我們要等到痛苦至極或跌到谷底，才願意改變？像我就是等到自己在軍事基地被人用袋子罩頭才覺醒。為了改變，我需要做的，所有人都需要做的，就是利用我們的核心技能，做出人生轉向。鼓起勇氣，深入探索自己，直到你願意懷著冒險的期待，踏入未知的深淵。

人生轉向 2

發掘核心技能

身為職涯專家，我時常被問到何時該辭職。答案是：當你感覺工作再也不可能讓你成長，使你無法持續精進你的核心技能（也就是在整個職涯中都會運用到的技能），或者當工作讓你心情惡劣到無法再隱忍，那就是該辭職的時候了。假如不辭職，最後就會身心俱疲。

從二〇〇九年起，世界衛生組織（WHO）認定工作倦怠（work burnout）是「一種職業病」，其特徵是「感覺精力枯竭耗盡；對工作產生心理排斥；或是對工作抱持消極、憤世嫉俗的態度；以及專業效能低落」[3]。

不幸的是，當我們繼續努力爭取就是行不通，只會一再逼迫自己，直到發現意志力絲毫不管用。幾個月以來，我不斷想要釐清自身疏離的感受。當時我並不明白，其實這項工作無法充分利用我的核心技能。當你從事的工作需要的並非你所擅長的技能時，最終往往會陷入倦怠的境地。

我留在這份工作的時間越久，就益發感受到世界衛生組織所謂的「心力耗竭」（vital exhaustion）。我的身體不只是疲倦；整個心靈都需要休息。身心俱疲有少數幾個根本原因，但全都發生在相當長的一段時間裡：

一、**無力感：**代表你感覺自己無法控制情況，這往往會觸發絕望感，最終導致辭職或是麻木。

二、**疲倦感：**可能是因為缺乏睡眠或只是缺乏適當休息。

三、**寂寞感：**這代表你可能欠缺能支持你、傾聽你訴苦、或愛你的一群人。

四、**缺乏目標：**這表示無論在私生活或工作中，感受不到為何得在某件事上投入時間。

五、**自我貶低：**意指你不相信自己能執行某個任務，因此，你會在工作上（或生活中）不斷嘗試感覺自己有價值。

我們越是不去檢視自己的信念系統或不改變方向，持續陷在錯誤的工作、情感關係或城市中，就會變得越疲憊。簡而言之，身心俱疲是我們的選擇當中，得付出最昂貴情緒代價的一條路。據估計，工作壓力和倦怠讓美國企業每年損失一千五百億至三千億美元[4]。在這些時刻，我們必須學著愛自己。

珍愛自己

所以為什麼我們要繼續忍耐呢？因為我們不愛自己。如果你真的想要愛自己，就會傾聽身體的訊號——這一生唯一的寶貴軀體。我的一個朋友曾經問我：「如果你的身體會說話，它會說什麼？」我不禁納悶：我的身體會感謝我善待它嗎？它會告訴我，它信任我嗎？

不，我才不信任你，是我聽見心裡立刻響起的話，如同身體傳遞給我的訊息。咱們面對現實吧：如果你的身體與你作對，你感覺人不舒服，你的心智和情感能力就會不聽使喚了。每一件事都從你的身體開始。因此，你會如何愛自己呢？

珍愛自己的概念既含糊不清、又難以實現。在我們的世界，時常將珍愛自己誤解為逃離現實或逃避責任。我們讀到雜誌文章鼓勵我們去洗泡泡浴、多吃一片蛋糕，或是翹班去按摩來「愛自己」。但事情是這樣的：**珍愛自己是一趟旅程，而非一個目的地**，主要是關於投資在我們真正想成為哪種人，呈現最棒的自己。

珍愛自己始於誠實面對自己，而且沒錯，看起來像是在慶祝生命，但也像是與自己建立一段誠實的關係，坦然承認你的生活中有些地方對你行不通，並且運用那樣的覺醒做出人生轉向。

多年來，我愛自己的方式看起來像是睡個午覺、買花送自己、或是在週二晚上單獨去吃頓美味晚餐。也像是為我的債務做一張試算表和一份清償財務計畫，偶爾心情不好時上健身房運動，以及拒絕起司拼盤，因為我明白乳製品會讓我頭腦迷糊。它看起來也像是做一些事犒賞自己，幫助我成為世界上理想的人，例如早晨冥想，因為我知道如果這麼做，當天肯定會有很好的開始；多花點錢買我喜歡的有機蘋果，因為對身體有益；拒絕參加聽起來很累人的社交活動，即使大家認為我「應該」到場。**很多時候，珍愛自己看起來像勇於說不，因為想要做真實的自己，得先拋棄所有不適合自己的事物。**

沒有錯誤的人生經歷

正如知名的人生教練東尼・羅賓斯（Tony Robbins）所言，「**信念兼具創造和毀滅的力量。人類擁有令人驚嘆的能力，能為生命中的任何經驗創造某種意義，不是使其失去自信心，就是拯**

救人生」。

所以對於我在五角大廈服務的那段時期，我該賦予它什麼意義呢？讓我失去自信的意義是，我是個失敗者。能拯救我人生的另一種意義則是，我在五角大廈的工作並非錯誤，而是注定要發生的，為的是幫助我找到自己、以及更適合我的人生方向。

十大核心技能

我找出了十種核心技能。而且就像我說過的，想要知道你的核心技能是什麼，就要留意你傾向使用哪種技能，無論你從事的工作是否需要它。那是你在世界上的自然做為，為你所特有。辨認個人核心技能的挑戰在於，此技能對你來說往往太過輕而易舉，以至於你幾乎沒有意識到這對別人來說並非自然的表現。

這十大核心技能是：**語言**、**創新**、**建造**、**科技**、**動力**、**服務**、**審美**、**協調**、**分析**和**數字**。現在我會一一說明。如你所知，我的核心技能是語言，這代表我天生是個溝通好手，無論我想要實際運用文字，當個演講者或作家，擔任編輯、內容策略師，或是任何以語言做為基礎的職業，我可以是人才經紀、房仲……，只要跟語言有關。事實上，我在每個工作上都會忍不住將之變成能運用語言的機會。

知道你是性格內向者或外向者，對十大核心技能都是關鍵，因為它會影響你運用技能的方式。在你仔細讀完這些核心技能時，另一點需要考慮的是，你會對其中許多產生共鳴。你必須明白，每個人通常會有一項主要的、以及一個次要的核心技能。你的任務是深入挖掘找出自己的主要核心技能，雖然知道自己有何次要核心技能也會有所幫助！

核心技能1：語言

假設你跟我一樣，你的核心技能是語言。你需要知道自己是個內向者或外向者，以便決定你對語言的喜好該如何在職場上表現。你可以從與人互動中得到能量嗎？還是他人會削減你的能量？這是語言人該自問的最重要問題，因為外向者通常「善於與人相處」，而內向者則傾向獨立書寫、不受他人干擾沉浸在自己神奇的創造力中。

可能的職業路徑：演講者、作家、行銷人員、廣告人、部落客。

核心技能2：創新

核心技能為創新的人通常是公司的點子王。如果他們創立了這間公司，那就是創業家。如果他們是公司裡富有靈感和創造力的人，那就是內部創業家（intrapreneur）。內部創業家包括任何與創辦人關係密切、能提出創造性建議的人，或是公司裡負責管理客戶清單的人。我發現，注定要「獨立創業的創新者」和「注定要留在職場的創新者」，兩者之間的主要差別在於：前者渴望自由，後者滿足於某種基本的彈性。

我認識注定要成為創業家的多數創新者，如果無法得到充份自由，就會感到非常痛苦。這代表他們必須能夠掌控自己的行程、自主決定該創造什麼內容、以及自行選擇工作時間。其中許多也和你腦海中關於安全的對話有關。你是什麼樣的冒險者？如果在工作上無法得到充份自由，你會感覺痛苦不堪嗎？還是你喜歡接受指令、有架構可循？假如缺乏充份自由讓你痛苦，而且你也願意冒險，你可能適合創業。

注定要留在職場上的創新者，也就是內部創業家，通常很有創意，也走在時代尖端，他們需要的只是彈性，而不是自由。如果要他們三個月都不能離開，他們並不會覺得很痛苦，不過，他們確實希望公司文化能給予充份空間去想出點子、完成任務，或是創造自己的客戶關係。通常，內部創業家珍惜公司提供的財務安全感，但是也渴望並感謝有打造自己客戶清單的廣闊空間——基本上，他們在組織裡是獨立的。

不妨自問：我是個絕對需要自由（創業家），還是保有彈性就行（內部創業家）的創新者？需要完全按照你的條件工作，還是只需要能隨心所欲在家工作或是去看醫生不必感覺得先經過上司批准，兩者之間有很大的差別。彈性是公司文化的問題；自由則是靈魂的問題。也不妨問問自己：我如何看待風險承擔和財務安全？適合創業的創新者樂於把一切全賭上，因為他們熱愛賭博。他們願意為了讓獎勵變多不惜沉浸在失敗中。適合內部創業的創新者原則上會希望避開那個問題。

可能的職業路徑：企業家、投資人、顧問、保險代理人、業務開發人員、房仲、產品經理……可能性無限多。

核心技能3：建造

接著是建造者。這種人是驚人的造反者，真正有能力將創新者的願景變為現實。他們往往會想到某個事物，然後運用靈感去創造出來。想想建築工人，依據某個建物藍圖，用雙手實際建造出一個家。想想對蘋果商店有願景的建築師（順帶一提，他們的主要或次要核心技能可能是數字，因為數字是建築師工作的核心——稍後再談這一點）。建造者不知怎麼地可以看見全貌，並且運用頭腦或雙手執行出來。他們是技師、工程師、用戶體驗（UX）設計師、建築工人、網頁設計師，能輕鬆組裝家具的人等等。對於完成自己的願景，他們毫不畏懼。他們的手很巧，手眼協調的能力也很強。這不該與科技核心技能的人混為一談。儘管有些建造者會運用科技打造事物，但那不是他們唯一運用的建造技能。

可能的職業路徑：建築師、汽車維修技師、建築工人、用戶體驗設計師。

核心技能4：科技

科技人可以輕易拆解一台電腦，再重新組裝。他們是在天才吧（Genius Bar）維修服務區坐鎮的人，或是研發新人工智慧的團隊成員，很可能是在支援某個有遠見的創新者。他們熱愛修理、創造、或是理解技術，通常對電子產品的未來特別興奮。由於天生就很了解技術，他們有時也會有建造技能，但是，建造者不只是創造科技——他們能創造的東西更多。科技核心技能的人全都有關於修理、運用、製造，或是一般的科技相關工作。

可能的職業路徑：寫程式的人、IT支援團隊、人工智慧開發人員。

核心技能5：動力

接著是動力。熱愛動力的人是道地的行動者；他們通常都是站著活動，無論是私人教練、運動員，或是導遊。他們的自我本質及其所做之事都與體能有關，而且無論從事什麼，通常都是熱愛戶外活動的冒險家、或是喜愛移動的人。

當某人的主要核心技能是動力，而其次要技能是創新，例如有創業者傾向，這代表他可能適合當個健身網紅或這一類的工作。如果結合動力的核心技能與建造傾向，可能會是個承包商。如果結合動力與科技傾向，也許會是個關注冒險或旅遊經驗的程式開發工程師。

可能的職業路徑：私人教練、物理治療師、導遊、舞蹈家、職業運動員、電影攝製組。

核心技能6：服務

第六種核心技能是服務，哇，我們非常需要這些人。他們是養育者、天生的支援者。他們可能是協助打理某人事業或生活的助理；也可能是客服代表，修補被其他團隊成員幾乎破壞掉的人際關係；或是大家都非常感謝能將事情貫徹到底的社區管理員；或者就是一般熱心助人的人。撰寫本書期間，我的團隊中有位編輯的主要核心技能是語言，次要技能是服務——這真是夢幻組合，出色的文字表達能力，加上主動幫我分擔要操心的工作，又做得遠比預期好，實在令人驚喜。

服務這項核心技能常常讓我想起我媽媽的好友真由美（Mayumi）。她總是記得切好柳丁，帶到我們練習足球的地方，讓所有的小朋友們吃。她總是早有準備，因為抱持服務心態對她是如此地自然。以服務為職志的人會不由自主地給予，並思考支持的方法，他人往往不會這麼做。他們視助人為一種「簡單」而且自然的事。擅長服務的人可能會從事支援者、客服專業人士，社區管理者和助理等工作。還有，他們通常也會是很棒的送禮者！

可能的職業路徑：客服代表、社區經理、私人助理、護理師。

核心技能7：審美

第七種核心技能是審美。這種人會忍不住注意、並在周遭環境創造美感。不該將之與建造者混為一談。舉例來說，擁有建造核心技能的人會搭建出一個架子，但有審美核心技能的人會決定它的外觀是什麼模樣、該擺設在房間何處。兩者差別很大。

可能的職業路徑：室內設計師、陶藝家、總編輯、插畫家、舞台設計師、平面設計師、珠寶設計師。

核心技能8：協調

第八種核心技能是協調，這是我最欠缺的才華。這種人會自然地考慮到細節，熱愛瑣碎事務，擅於將片段拼湊組合成最終成品，並從中得到喜悅。他們很能執行多重任務，不介意負責後勤，對自己的工作深感驕傲。假如某人的主要核心技能是協調，次要技能是審美，這人可能適合擔任婚禮顧問。

可能的職業路徑：活動企畫、營運經理、物流主管、專案經理。

核心技能9：分析

第九種核心技能是分析。回答「為什麼？」能帶給這種人動力，找到答案則讓他們情緒高漲。他們會透過找出世上某些重大問題的答案，影響我們的世界，然而往往得接受自己只是大型拼圖當中的一小片。

可能的職業路徑：研究人員、治療師（雖然許多治療師的主要核心技能是語言，次要技能才是分析）、情報專業人員、律師助理、數據分析師、科學家、經濟學家。

核心技能10：數字

接著是第十種核心技能，數字。從簿記人員到投資銀行家這一類的人，確保大家不會跟我一樣，眼看著自己創立的第一家公司虧損五百萬美元，幾乎就要宣告破產。數學讓我不知所措（好笑的是：高中時我可是數學小老師呢）。我們需要這些人確保數字是合乎規則變化的。別把他們與銀行櫃員或經理等專業人士弄混了。銀行櫃員比較接近服務範疇（幫助顧客），而經理則善於與人打交道，代表他們是擅長語言的外向者。

可能的職業路徑：會計師、財務顧問、投資銀行家、財務長、簿記人員。

實際應用

定義核心技能

一、在這十大核心技能中（語言、創新、建造、科技、動力、服務、審美、協調、分析和數字），你的核心技能是哪一種？

二、很難找出答案嗎？想知道的話，你可以請教四位好朋友、同事或家人以下幾道問題：

(1)你何時看見我表現出最棒的一面？（接著評估你運用的是十大核心技能當中的哪一種。）

(2)你認為我在哪裡（或如何）對人們的生活產生最大影響？

(3)你認為我最棒的技能是什麼？

也許你也有次要的核心技能，知道了會很管用！但是每個人都有某種核心技能，會主導他們的工作與生活。

如同你在此所見的，**快速找出你的人生目標並不是考慮你對哪些事有熱情，把它們扔進帽子裡，然後選一個**。可惜，這就是大多數人選擇職業時會做的事，這讓我們深陷在與自己的核心技能不符的工作中。

評估珍愛自己的程度

一、如果你的身體會說話，它會對你說什麼？靜下心來問問它，或許你會聽見回答，它感謝你善待它嗎？它說信任你嗎？

二、你用什麼方式珍愛自己？它們幫助你達到最棒的狀態嗎？

三、檢視你生活中的各個面向，問問自己：哪些還不錯？哪些有問題？用一到十分為以下每個類別評分（一分表示糟糕透頂，十分代表棒極了）：

(1) 工作／事業
(2) 浪漫關係
(3) 友誼
(4) 財務
(5) 身體健康
(6) 身心健全

四、你可以採取哪些初步行動，針對第三題中各項進行改善？

評估自己的錯誤信念

一、關於你的工作和生活，你會如何講述自己的故事？

二、在下列的生活情況中，你覺得自己很有能力，還是很渺小？

(1) 金錢
(2) 友誼
(3) 人際關係
(4) 事業

結語

擁有一份出色的事業，關鍵就是回歸真實自我、並提高自己的標準，也就是說，要知道何時該離開與你核心技能不符的工作，也要知道自己內在非凡之處。每個人都是如此。你的工作表現欠佳的證據只是回饋反應，告訴你該是時候做出人生轉向，並評估你是否運用了主要和次要核心技能。在我們尋求事業建議和回饋的世界裡，做出人生轉向就是成為自己的朋友，傾聽內心的智慧之聲。不這麼做，就等於是背叛自我。

第二篇

轉向信號

直覺就是知道你所知的事，卻不知你為何得知。

——《人生轉向 Podcast 第四十九集：如何運用直覺》

來賓：諾亞．柏曼（Noah Berman）

第3章 苦樂相隨

一九九七年五月二十九日

你曾經對人生中本該是個很正向的時刻感到悲痛、哀傷或懷舊之情嗎？一九九七年五月二十九日就是那樣的日子，無論我喜歡與否，這一天塑造了我日後的性格特質。

十歲的生日早晨

夏日已近。如果你曾經在南加州待過，就知道此時的氣溫幾乎總是很舒服；那天也不例外。一大早眼睛都還沒睜開，就能感覺到自己在微笑，不是因為廚房傳來熟悉的培根香，也不是因為我穿的那件漂亮新睡衣，而是因為這天是我的十歲生日。我睜開雙眼，期待會有不同的感受，但卻沒有。我還記得自己心想，我應該要感覺到什麼的，對吧？當時我並不知道，這一天將從此形塑我和金錢的關係。

從床上一躍而起，我飛快跑進走廊，奔下樓。

珍妮特姑姑看著我，滿面笑容地歡呼：「兩位數唷！」

我盯著她懷中那巨大的粉紅禮物袋，幾乎大過我整個人。等到姑姑在我額頭烙下儀式性的吻之後，我熱切地剝開禮物包裝紙。裡頭是小女孩的夢幻禮物：一盒一百色的繪兒樂彩色筆（包括好幾支深淺不同的粉紅色，是我最瘋狂的夢想）；一盒五十色的蠟筆，取代那些我從聖誕節就已經畫到只剩一小塊的舊蠟筆；一盒五十色的金蔥膠筆，我會拿來在臥房牆上塗鴉；一包泡泡貼紙，我可以貼在臉上；很快就會佈滿我身體的假刺青；一本全新的日記本，讓我寫下十歲腦袋瓜能想到的所有祕密；還有一本速描簿，讓我用繪畫表達我眼中的世界。

我笑得好開心，因為美術用品對於腦子過度活躍的女孩來說，真是再理想不過的禮物。正當我認為珍妮特姑姑的禮物已經全部登場時，她說這些美術用品不過是「前奏」。她常常這樣說話，用複雜難懂的字詞幫助我擴大詞彙量，讓我覺得自己很聰明，我還記得我被點名為班上的拼字冠軍時，我感覺很驕傲。如今回頭看，珍妮特姑姑是我成為作家和藝術愛好者的理由之一。在禮物袋的底部，是我此生收過最神聖的禮物之一：一本謝爾．希爾弗斯坦（Shel Silverstein）的詩集《人行道的盡頭》（*Where the Sidewalk Ends*），我眼睛為之一亮。

我姑姑似乎總是知道我內心的想法。收到一份禮物完全符合自我和未來目標，是件很特別的事；這讓你感覺送禮的人真的理解你、懂你。你的生命中有過這樣細心體貼的人嗎？她的禮物像是表揚我的核心本質：健談、聰明、快樂、大膽、好奇、有趣。另外，她可能在我年紀還很小的時候，就已經看出我的核心技能包括語言，再加上某種形式的創意表達。

我明白小孩天生就和自我表達、直覺與自由緊密連結。他們較不害怕表現真正的自己，也更願意把這世界看成是個遊戲場所，跟隨讓他們眼睛一亮的事。這就是為什麼我喜歡問客戶年輕時受到什麼事物所吸引。即使孩子從年幼時就遭逢厄運，他們的靈魂總是很自然地靠向某種探索。即使長大成人之後，我們可以從小時候的經歷一窺自己最棒的靈感。從這個創意的狀態，我們可以變成真正的自己、創作者，以及改變者。然而，當我們把自己這個部分拋諸腦後，我們往往會感到更加疲憊和失落，彷彿自己只不過是這日益擁擠人世上的又一張臉孔。

轉向信號

回顧過去，我向來對藝術情有獨鍾：詩、創意寫作、繪畫等等……然而就像許多人一樣，我在青少年時期努力想融入群體而感到迷惘，接著在二十多歲時，渴望找到明確的職業方向卻忘記真正的自我。我認為我必須選擇待遇較好的行業，也迷失在想要受人喜愛。我不再傾聽自己寶貴的直覺心聲，也不再留心世界發送給我關於真實自我的信號。

從長遠來看，出於恐懼做出職業選擇和改變自己適應周圍的人，最後都不會成功，只能熬過短暫時期。我在二十幾歲這些年來才更了解自己，內心那個注定要成為作家的創意女孩。現在回想起來，每當想到我多麼偏離正軌，最終才回歸我一直很熟悉、卻一直抗拒的自我時，就啞然失笑。這全都是因為留意到如今我所謂的「轉向信號」（turn signal），這些跡象包括焦慮、恐慌、挫折等等，顯示該是重新評估自己人生的時候了。如果我早把痛苦視為轉向信號，視為宇宙建議我是時候做出改變，那我就會早早採取實際作為。

爸爸的生日禮物

後來，生日那天的下午，我窩在後院吊床上把整本希爾弗斯坦詩集讀完。我記得我想要成為藝術家，或是像謝爾這樣的作家。如今我三十三歲，仍舊朝著那個目標努力，不過人生不就是這麼回事——一段成長蛻變的旅程？

在大大擁抱珍妮特姑姑表達我的感謝後，我無法阻止我的思緒狂奔：珍妮特姑姑都讓我這麼驚喜，不知道爸爸的禮物會是什麼呢？給你一點背景故事，我的父親是個白手起家的人。他從加州大學洛杉磯分校（UCLA）輟學，在很年輕的時候就創立了一家大型金融公司，因此我從小就一直收到奢華的生日禮物。有多奢華呢？有一年，他送我一匹馬戲團尺寸的大型旋轉木馬，讓我在臥房裡騎乘。還有一年，他送我一台小火車，我可以坐在上頭繞著房子跑。直到目前為止，我的生日禮物一直都是超越顛峰。我最後從他超級歡樂的送禮行徑中養成一個信念，那就是只要你賺很多的錢，就可以得到很大的東西。

然而，在十歲生日這年，我們才剛搬進一個坪數小很多的新家，我比較喜歡這個新家，因為讓我們全家變得更靠近彼此。我並不知道我們搬進這個郊區小房子的理由是，歷經二十五年後，我爸爸的事業每況愈下，就像很多人一樣，他不得不做出痛苦的選擇，把公司收了。在他的生意結束後，我們不得不搬家，我注意到他和有些人的友誼發生了變化，我甚至無意間聽到他和我媽媽第一次爭吵。

「好吧！」我爸爸興奮地搓著手說，「禮物時間！艾希寶貝，來吧！」當他讓開，我看見他後方的地板上有個包著凱蒂貓包裝紙的巨大箱子。我衝過去撕開包裝紙，心中充滿各種可能性：一隻小狗狗、一座芭比的馬里布別墅，或者甚至是一台腳踏車。撕開紙箱，看見一組紅、黃、藍色行李箱後，我感到一陣困惑。我的思緒飛奔：行李箱？不……也許包錯禮物了……為什麼爸爸要送我行李箱當我十歲的生日禮物呢？

「妳看，行李箱欸！」我爸爸說，他的嗓音帶著偽裝出來的興奮。

這一刻在我的記憶中留下深刻的印記。當時我滿腦子想著：這好醜，我沒有要去旅行，我才不要用這個。被慣壞了，我知道，可是我才十歲，那就是我當時的心智。我哭了起來，因為無論什麼理由，這個禮物讓我覺得自己不受重視又迷惑不解，在那當下，我告訴自己，我爸爸肯定不懂我，他不知道我真正喜歡什麼。這也是我首次經歷我所謂的「生日創傷」。

你曾經有過生日創傷或「禮物創傷」嗎？也就是在某人面前打開禮物，準備好堆滿笑容向對方道謝，彷彿你們心意相通，但實際上卻覺得自己和這份禮物毫無關聯，你和送禮的人也毫無關聯，當下感覺很不自在。我眼淚汪汪地轉身問，我真正的禮物在哪裡，因為這肯定不是。當他沉默不語，我才明白這不是個錯誤……他在我十歲生日送我登機行李箱。

我感覺他的禮物沒有反映出真正的我、我的核心本質。我們之間沉默了很長一段時間後，我做了大多數頑劣的十歲小孩在這種情境下會做的事：坐在客廳地板上突然發起好大的脾氣，我胡亂擺動著細瘦的四肢，閉起雙眼放聲尖叫。

在我自己一手造成的混亂中，我隱約聽見我爸爸用溫和的嗓音顫抖地說：「爹地已經竭盡所能了，今年我無法負擔奢華的東西，家計很吃緊啊」。

第一次了解金錢的意義

我不明白他說的話和語氣，究竟意味著我們不會永遠很有錢，還是開心的日子已經結束了？

他開口說話後，我停止胡鬧，開始仔細思索金錢究竟是什麼：會帶來痛苦、掙扎、或是很容易失去的東西。回想起來，我幾乎沒注意到這間屋子比我們上一棟的規模小了許多。若非要比較，我比較喜歡這個比較小的新家，因為我的房間離爸媽的、和小弟喬許的房間近多了。順道一提，喬許很快加入這場對話，說「給我吧……我覺得這很酷」。

通常，喬許是個完美的小弟弟，個性隨和、永遠樂觀，但是他這樣興高采烈地回應令我大失所望的生日禮物，讓我怒火中燒。我轉身抓起行李箱，像個瘋子似的丟向他，立刻跑回我自己的房間。寫下這段話的此刻，我原諒自己表現得像個被寵壞的小屁孩。我明白當時如果我更懂事，就會表現得更得體……我們全都會。

等到眼淚終於流光，我忍不住對自己收到生日禮物後的行為感到有點難為情。回想起來，我的哀傷來自於將我爸爸的禮物解讀成他一定很不了解我，沒錯啦，十歲的我也只是想收到很酷的禮物。因此，我坐在房間裡，希望有人能過來關心我還好嗎。做為小孩，我們有時候創造混亂只是為了引起大人的關心，確定自己是有人愛的。我們往往也會把這種做法帶進成年後的人際關係中，這顯然不是個很好的策略，但是當時奏效了：我溫柔的媽媽最後走進我的房間，慈愛地輕拍我的背。

她解釋家裡發生了什麼事。「艾希寶貝，爸爸剛把他經營了好多年的公司關掉了，這件事讓他很難過」。她繼續往下說時，房間變得好安靜，「我知道今天是妳的生日，有一天我們會補償妳，不過現在我需要妳盡可能成熟一點，去抱抱爸爸，謝謝他的禮物。他很努力工作，因為他愛妳，想要送妳有用的東西」。

我媽媽總是富有同情心、慈愛、有耐心。她走出我的房間去安慰我爸。

我知道我該怎麼做了，我必須去跟爸爸道歉。帶著尷尬和一絲羞愧之情，我走到他房間，透過門縫往裡瞧，看見他正坐在床沿……哭泣。我感到心情沉重，我很想說，我和性情溫和的爸爸一起痛快地大哭了一場，或是分享我們倆經歷了人生情感寶貴的一課，但並非如此。那天真正發生的是：我父親恐慌發作，是我以前從未見過的，而我看得出來也讓他措手不及；那情景真令人心碎。他的呼吸不穩定、胸膛劇烈起伏，像是喘不過氣來。你可曾見過自己的父母親生病，或經歷痛苦嗎？我覺得無能為力。

「媽，爸爸需要妳！」我朝著走廊尖叫，「事情不太對勁！」

當我回頭，爸爸抓住我的手。他臉上的表情很奇怪，他被嚇壞了，我從未見過他這樣。接著，他說了七個字：「這會要了我的命」，從此永遠改變了我的想法和內在的「金錢觀」。

我不了解他的意思，所以我問，「爸，你在說什麼？什麼會要了你的命？」

他的臉蒼白得像鬼，呼吸不穩定，他直勾勾地看著我說，「錢」。在那一刻，我相信他，我真的以為我爸就要因為錢而喪命了。

當天晚上我上床睡覺前，我和自己做了一個約定：**我將來要賺很多很多錢，這麼一來，生活**

就會很輕鬆，而我可以拯救爸爸免於死亡。

對一個十歲的孩子來說，太過誇張、沉重？當然，但是讓我告訴你——我相信自己可以幫我爸解決問題，那意念十分強烈，充滿熱情，事實上成了我潛意識金錢思維的關鍵要素，最後影響我的職涯多年……當你還是個小孩時，金錢對你的意義是什麼？

年輕時候的思維充滿可塑性，這件事影響了我的心態成形。我聽見自己的思緒激蕩著：錢很難賺，更難保住，很容易就失去一切……我不想跟它扯上關係，我心想，因為它就要摧毀我的家庭了。接著，下一個想法進來，幾乎與前一個相反，深深烙印在我腦海中，盤踞在我成年生活多年：我最好能賺很多錢，把這些問題全都解決，拯救他，也拯救我們一家人。

從那天起，只要牽涉到金錢，這世界對我來說就像是個沉重的地方。不過，我爸爸真的很有韌性，經過多年努力工作後，他再次取得成功，如同所有足智多謀的企業家那樣。他真的很努力工作，因此能在我十六歲時買給我第一輛車，甚至幫我還清我的大學學貸。雖然現在我能把自己十歲生日之事看成是短暫的變化，但還是很容易陷入過去的回憶和看法中。我很崇拜我爸爸，而看見他受苦確實對我和個人的信念系統留下了印記。

事情的真相是：**金錢是中立的，但是我們在情感上對它的理解卻不是**。正因如此，我們接下來要檢視你的金錢觀、以及療癒你的機會。**你對金錢有什麼樣的童年記憶？當你賺到錢、或是沒賺到錢的時候，對你來說所代表的意義是什麼？**

金錢觀

我爸爸的痛苦不只是因為他選擇關閉公司；更因為他得就此捨棄企業家的身分。他花了數年時間建立那家公司，在某種程度上認同自己的成功，就像我們許多人一樣。在關閉公司後釋懷的安慰片刻，他會獨自坐著，必須用新身分來填補不熟悉的空白。少了他投入多年心血的那家公司，在這世上，他會是誰呢？

有哪些事是你所認同或隱藏在其後的呢？少了那些，你是誰？我發現，成功是其中一個最溫暖的隱藏之所，這個地方讓你遠離脆弱，因為看起來光鮮亮麗，是人人嚮往的事物。我爸爸，一個慈愛風趣的人，在他成功的表現之下躲得很好。少了它，我不知道他是否覺得自己值得被愛，雖然在我眼中，無論他成功與否，他始終都值得。

痛苦回憶會形成錯誤信念

在你童年中，有任何與金錢相關的痛苦回憶嗎？那些回憶對你有何意義？這些信念現在如何表現在你的生活行為當中？無論我喜不喜歡，我爸處理金錢的經驗（好與壞）都會影響我。根據這些經驗，衍生成自己的金錢藍圖和限制，影響我的世界觀和行事方式。我會出現兩種互相衝突的信念：（1）賺很多錢是一種負擔或某種沉重的責任；（2）在財務上拯救每個人是我應該一肩挑起的重擔。我這麼說是因為在我還是小女孩時，就看見爸爸在我身上花了多少錢，他是多麼愛我，多麼努力地工作，盡其所能給我一切。從我十歲生日開始，每當我需要開口要求什麼，無論是新書包或新衣服，都會覺得很有壓力。你可曾因為父母得花錢養你，而覺得自己成了他們的負擔？

這使我相信各種有趣的事，是我內心對於金錢獨有的思維模式或藍圖。互相衝突的想法掠過我的腦海，像是陰沉天空中的降雨雲：假如有天我賺了很多錢，我會失去那些錢嗎？如果我沒有賺很多錢，就是個失敗者嗎？如果我們沒有錢，我的家人就會過得沒那麼歡樂嗎？我能夠成為阻止我爸遭受這一切壓力的那個人嗎？

第一步：留心形成潛意識的想法

身為協助無數客戶改變金錢心態的人，我知道我自己的心態充滿了負面故事，其中大部分是恐懼造成的。這往往是心智運作的方式：我們的對話與經驗，尤其是在十二歲之前與照料者之間的互動，會像塵埃落在我們心上，從而形成許多對世界的潛意識和根深柢固的信念。雖然恐懼是天生必要的內在警報系統，但也是一種後天習得的心態，當生活冷不防丟出一個難題，我們往往會反應過度。其實，我們看著家中大人被難題或職涯的挑戰擊中，或在成長過程中周遭的孩子並非總是善待彼此，我們最終會為這些事賦予意義——關於自己、關於這世界、或者關於其他人。這些後天習得的想法往往會變成我們的信念，而且在不經意間變得根深蒂固。

這也是指**我們的潛意識運作機制（subconscious programming），在整個成長過程中累積的想法，造成一部分的我們慣性操作。**我們常聽父母這麼說：生活不容易，賺錢很難，你必須努力打拚，累積很多經驗，才能如何又如何。最終，無論我們的父母是多棒的人，我們相信了他們的這些錯誤信念。對生活理解的意義會促成我們的心態。這些限制性信念影響我們在世上的選擇和行為，除非有所覺悟並挑戰它們，否則將一直存在我們心中。

錯誤信念否決欲望

你通常會體現根植於錯誤信念、自認為什麼是可能的說法，這些內在信念對你的意識具有否決力量，這就是為什麼你並非總會得到你說想要的事物，而是你的信念告訴你你應得的。你是否曾說過你打算要找個很棒的人生伴侶，卻選擇了一個不珍惜你的人？你是否曾說過你理當得到升遷，卻在機會來臨時畏怯不前？這類的不一致反映出你正面臨心中某種錯誤信念。請捫心自問：是什麼想法阻止了自己在那一刻全力追求真正想要的事物？

歡迎來到自我破壞（self-sabotage）。你知道，我們都有自己的特定形象、和對人生中可能的事有一套堅定的信念系統。如果你的外在現實（工作、人際關係、健康）不符合你的內在現實（錯誤信念和潛意識運作機制），你就會設法破壞自己的出色成果，使其吻合你所認定的自我形象、或自認為應得的結果。

個人發展（personal development）是一門藝術，使你想要發生之事與實際執行所需的心態相符合。這個過程看起來像是經歷許多治療，例如察覺箝制著你的潛意識自動信念藍圖、質疑一切、並刻意走向心之所想的行動方向。這也是我們處理個人創傷需要進行的工作。我們的信念變成習慣；我們花很多時間聽信、思考這些信念，使之逐漸掌控我們如何看待這世界、以及可行或不可行之事。如同股神華倫．巴菲特（Warren Buffett）說，「**習慣就像鎖鏈，當你感覺到它的存在時，它已經牢固得難以斷開**」。你究竟想在職涯中創造什麼樣的結果？你對於自己、對於這世界存在什麼信念使你無法擁有那些結果？

這些問題為我們提供了一直以來都存在的自由。

潛意識運作機制vs.創傷

對於創傷（trauma，意指強烈痛苦或不安的經驗），大多誤以為是專門指重大、可怕的事件。心理學家主張，創傷其實有兩種形式：「微小創傷」和「重大創傷」；前者像是某個和你不太熟的朋友忘了邀請你參加他的生日派對，後者則是社會通常認定的創傷，如性虐待、疏忽、家暴等等。根據美國疾病管制暨預防中心（Centers for Disease Control）的研究，超過六一%的美國成人在十七歲前曾經歷過至少一項「重大創傷」[1]。不過，我最感興趣的是「微小創傷」，因為它們會在不知不覺間對你一生抱持的心態產生重大影響。創傷是某人在情感上如何理解、或回想某個經驗。也許只是個微小瞬間，但是你賦予它的意義卻很重大。或許因為沒有受邀參加那場生日派對，你就編造出一種想法：你很無趣、不是個好朋友、容易被遺忘，諸如此類的。老實說，一個不太熟的人忘了邀請你沒什麼大不了的，但若是你從傷害自我觀感的角度去回想這件事，就等於是讓一件單純的小事演變成一個創傷……影響你的潛意識運作機制。千萬別低估「微小創傷」對你的自尊或思維造成的損害。

十歲親眼目睹我爸爸的恐慌發作，大概算是「微小創傷」。畢竟，每個人可能都曾在某個時刻看見父母經歷某種形式的崩潰。不過，我在情感上對這個微小片刻的看法，我賦予它的意義——金錢壓力會殺了我爸，有一天也會殺了我——多年來影響我的職涯。直到後來，當我對個人銀行帳戶造成了不良結果，我深入探討自己，才發現這段回憶深深影響我看待金錢的思維。

除非你注意到它，更有自覺意識，並決定處理，否則創傷會一直留在你心中。因此，整個人生轉向的過程攸關如何將自身的痛苦轉變成驚人的成長與療癒。

在接下來的二十年，我對金錢的心態、以及表現於外在世界的行為都受到了妨礙。我對金錢的錯誤信念會主導我的職涯，使我一時成功，一時自我毀滅。因此，發掘你的潛意識運作機制

（或內在金錢藍圖）另一個捷徑是，直接觀察你在這世上的表現成果。以我為例，我賺了很多錢，接著又把錢全賠光了，這是怎麼發生的呢？從心態的角度來看，事情是這樣的：和我爸爸一樣，我其實像個企業家勇於創造財富。事實上，我爸爸已經在世上創造出一些很棒的事。我追隨他的腳步，年紀輕輕就創立了一家公司，迅速創造出數百萬美元的營收，但是因為我不信任自己能守住那些錢，由於害怕「失去一切」，我聘請收費高昂的律師，認為他們能評估我的事業有無任何缺失或不利因素，以確保我安全無虞。想也知道，他們竭盡所能，找出我的事業中每個灰色地帶，因為那就是他們被聘雇的目的，而我聽從並實行他們提出的每個小建議，直到我的事業真的停擺。我花了高昂的律師費，諷刺的是，我自己成了我公司倒閉的原因。適當設置安全措施是好事，但是當那些措施源於恐懼時，可就變成了自我應驗預言（self-fulfilling prophecy）。我多麼害怕會失去一切財富，因而改變經營方法，使我最深沉的恐懼最終成了現實。就這麼簡單。

回顧過去，我在很短的時間內累積了大量財富，而我不知道如何管理，跟樂透得主很像。事實上，你知道比起一般美國人，樂透得主更有可能在中獎後三到五年內宣告破產嗎❷？這怎麼可能？這個嘛，他們或許像我一樣，金錢心態還不夠健全到足以應付如此巨大的財富。每個人自認為應得多少都有個內在的設定點，超過這個設定時，他們往往會無意識地進行自我破壞，以便回到自己的舒適圈。薪資談判時，這一點極其重要。在我的「工作機會學院」課程，我耐心教導許多客戶如何開口要求他們應得的報酬，這項工作有大部分是在消除錯誤信念。

現在問題是，我們對這些潛意識信念如何才能有所自覺，進而面對、治癒、重新設定，最後展開我們一直想要的冒險呢？察覺自己的心態與信念系統，可以從檢視你目前生活中創造的成果開始。因此，想一想：關於金錢，你目前的外在成果為何？

你是不是受夠了求職卻從未得到回音？或許，你告訴朋友你有資格，也準備好迎接重要的一步，但其實你下意識相信自己不夠格或配不上申請的那份工作？又或許，你每次只投一份履歷，告訴自己要「等到回音」才繼續求職——這是自我破壞的一種形式。你的潛意識運作機制，也就是這些錯誤信念，永遠會佔上風，除非你質疑類似下列的想法：

我經驗不足，無法提供價值。

如果他們為此雇用我，我早晚會被看破手腳。

我有問題。

我可能會被炒魷魚。

你的自我意識（充滿了錯誤信念）具有在世界上求生存的本能，這代表它總是保持警戒，擔心地尋找任何可能無法生存的理由。這是出於善意的自我保護行為，設法找到你會失敗的理由，目的是要防止你失敗或受到傷害。問題在於，自我意識往往會把這種生存需求過度放大，因為在這過程中，出於恐懼，人們往往會停止嘗試、或根本不願冒險。事實上，他們選擇相信各種限制，讓自己保持低調。

歡迎來到你的舒適區，你的限制信念會設法讓你困在其中，哪兒也去不了。曾經有客戶告訴我，他們的鉅額債務不知怎麼地成了努力賺錢的動力。或是他們不想賺大錢，因為深怕會感到孤單或疏離。或是，如果最終注定成為事業成功的女強人，那會毀了她們的婚姻。從某種意義上來說，有些人在心神混亂時反而覺得輕鬆自在，因為想要掙脫束縛、爭取更多成就的想法，超越了他們的限制信念或舒適區。受傷害後仍保持樂觀或充滿希望，是脆弱的終極表現。如果你不曾遭受傷害，保持樂觀並懷抱希望也可能是個陷阱，因為你或許不知道必須失去什麼、或哪裡可能會出錯。你必須在你的職業生涯中找到樂觀和務實之間的平衡點。

第二步：時時刻刻自我檢視

從我開始觀察自己的那一刻起，或者說得更白一點，開始「跟蹤自己」，我的大改造就此展開。這是什麼意思呢？我開始關注並留意自己平時的運作方式，記下自己的觸發點，或是感覺挫敗、生氣、苦惱或自我封閉的時候。我也會特別注意在這些時刻我有什麼樣的想法。接著，我會仔細回想第一次感受到這種狀況的時候，以便找出觸發誘因的根源。在我沮喪時，這些想法會造成不太理想的行為模式。這種覺察練習幫助我注意到，我的情緒、行為和結果都是因為我對金錢根深蒂固的恐懼所造成的。

我的一些負面行為模式包括了：一、當我在工作上表現優異，我會刻意放慢腳步，或在老闆面前收斂鋒芒，下意識地害怕成功。二、我拒絕能讓薪水翻倍的升遷，因為擔心自己不能勝任，或是追求額外的金錢會降低生活品質。三、我草率聘用了某個財務規畫師，卻沒有好好注意對方提供的服務品質，結果反而使自己虧損大筆金錢。

所有這些負面行為模式全都反映出自身的恐懼。儘管有些表面上看來像是健康的措施，但其實每一步都根源於不同的恐懼。我減弱工作表現代表我害怕成功。我拒絕升遷代表我擔心賺很多錢會造成壓力，而那會殺了我。我草率地聘請財務規畫師代表我害怕會失去所有的財富。這一切全都深植於我不信任自己。在意識層次上，我想要表現良好，但是在潛意識中，我想要保持「安全」，因而在我的生活中造成了有害的結果。許多人對金錢的態度都與安全感有關，渴求安全感則會促成許多決定，但你真的希望以此做為選擇基礎嗎？

自我應驗預言

不幸的是，我們的限制性信念往往是如此強大，影響我們外在的行為表現，最終變成自我應驗預言。你有沒有注意到，我害怕失去所有錢財驅使我採取某種行動，結果卻反而造成了我企圖避免的損失？由於太過害怕會失去一切，我草率地聘了人，做出了錯誤的選擇。我完全被恐懼蒙蔽了。我一失去所有財富之後，就像我爸爸恐慌發作時所經歷的，我也感受到某種恐慌，感覺那種壓力快要了我的命。

從那時起，我開始質疑自己的恐懼，了解到其中大部分都是虛構的。接下來，我開始挑戰它們，取而代之的是新的、更為自主的金錢信念和決定。在你的生活中，你潛意識接受了哪些限制信念？你是否選擇繼續相信愛情、金錢、或事業成長必然是困難的？注意你在哪些方面創造了並不令你興奮的成果，並自問：是什麼錯誤信念讓我造成這樣的結果呢？

第三步：創造新的信念系統

關於童年創傷的好消息是，留下的殘餘缺陷正是找到治療方法的切入點。這就是人類的優點，也就是人生在世的目的：成長。請記住，愛因斯坦（Albert Einstein）曾說過，「**用製造問題的同一思維去解決問題，是行不通的**」。就某種意義而言，每當你對這世界有了新的信念，舊有的你——在這世間舊有的存在方式、舊有的觀點——就會凋亡。當你進入一種新的思維，就會把舊有的你和一切伴隨之事拋在腦後。取而代之的往往是全新、更有智慧的你，厭倦了使你無法回歸真實、或理想自我的種種限制。

儘管你的蛻變是美麗的，通常也是為了你的最佳利益，但這種轉變可能是痛苦、悲傷、或困難的。記住，在整個改變的過程中，對這些負面情緒不要看得太重，別把痛苦當成你該退回到根本就行不通的舊自我。這一點通常在快樂時光中也是如此。想想新手爸爸，有了可愛的小寶貝，可是內心深處卻因為失去伴侶的全心關注而覺得悲傷和懷舊；想想新婚的美麗新娘，頓時想念起和姊妹淘在外玩樂的夜晚。這些令人興奮的變化可能會伴隨著內疚和羞愧等矛盾情緒。然而，這種令人困惑的悲傷通常只是你的提升和成長、人類經驗，以及做出改變的一部分。

從我開始賺大錢的那一刻起，有部分的我想念起處於掙扎的狀態。我知道這聽來很怪異，可是成功讓我感覺很孤單，與還在掙扎求生的朋友相處時，總覺得有點隔閡。儘管我從過去自身的經驗中，很明白他們的壓力，但我現在已進入新的人生篇章。如果我和姊妹淘像以前一樣去了五美元酒類優惠時段，我會覺得自己很傻，因為我心裡很清楚，經過多年奮鬥，我終於能負擔得起去好一點的地方了，然而，要是我真去了高檔店喝酒，又會覺得自己像是個冒牌貨，並不真的屬於那個地方。初嘗成功讓我徹底脫離了自己的舒適圈，而這種感受通常會觸發下意識開始破壞成功的想法與行為。

目標線vs.靈魂線

我們許多人都是按照聖塔莫尼卡大學（University of Santa Monica）所謂的人生「目標線」（goal line）行事，我們渴望在外在生活獲得更多成果……更多金錢、更多名聲、更多美貌、更重要的頭銜、減掉更多體重、更多、更多、更多，還要更多。我們困在這樣的渴望中，時常錯過另一面，亦即我的靈性心理學（spiritual psychology）研究所課程所謂的「靈魂線」（soul line）[3]。靈魂線是你的成長、目標和擴展的所在，這代表選出真正能照亮、或鼓舞你的目標。你的職涯中缺少的選擇，往往是我所謂的「抱負線」（GOUL line）——它的英文發音類似「目標線」，卻能同時使目標和靈魂一致。「抱負線」融合了能幫助你在今日物質世界生存的具體目標，同時又能點亮你的靈魂。許多人相信這兩者不可兼得，這根本不是事實。

你現在的目標是什麼？目標線可能是追求夢想的趣味所在，但是你要知道，**真正的幸福存在於你的目標線與靈魂線（使你成長並能照亮你之事）兩相融合。要知道你的靈魂渴望、也需要轉變，無論轉變過程有多痛苦。**

殘酷的事實：達成目標並不會讓你快樂

很多時候，我們只想著要達到的目標，而沒有考慮在實現過程中要花多少時間、以及在達成目標後得繼續投注的時間。達成目標是短暫的，重要的是你在過程中所耗費的時間。要知道，挑選目標最重要的是探索你的靈魂，確保達成目標後的人生是心之所向。朋友啊，那時才是你的優質生活。

進步和幸福的五個步驟

當你準備好、並且願意採取下列五個關鍵步驟時，創傷復原就會到來：

一、**仔細審視孩提時期對你影響重大的對話**，找出你的潛意識運作機制，時時刻刻自我檢視，留意你目前在這世上的運作方式。

二、**感受使你心碎的信念**。當你感覺偏離自我、「因……而煩惱」、或「因……而無法到達內心嚮往之所」，把這些時刻視為好奇探索的邀請，檢視這些信念，想想你是否能確定它們是正確的。

三、**原諒自己接受這種對現實的有限解釋，用新的、有用的而且真實的事物提升你的想法：**例如，我原諒自己錯信我會失去所有錢財，事實是，我能學會如何管理金錢，使得存錢和賺更多錢變得容易。謝謝聖塔莫尼卡大學教我這種自我寬恕的工具。

四、**形成新的說法：**我們在第三步中開始這麼做，以一種全新、更加自主的事實版本，更新我們的錯誤信念。探索新的、更有力的事實或真相，以取代不再適合你的過時信念。每個情況都有多種觀看的視角。與其透過侷限性觀點看待事物，不如選擇一種對你有利的信念，在每次感受到舊有信念出現時，重新敘述它。

五、**實現你的新說法：**無論邁向新說法是多麼小的一步，都要踏出這一步。你的思維是有可塑性的，隨時都可以改變，但是當你選擇採取行動，去做一些不同於以往受錯誤信念制約之事，你就能掌管一切。例如：申請你通常不會去申請的工作，因為你的新說法會是你有機會得到這份工作。或是，寄一封開發電子郵件給陌生人，一位在你人際網路中你自認為遙不可及的人，但是你的新說法是，你可以請求任何人的幫忙。

幸福不是來自達成目標，而是來自我們朝著「抱負」前進。當你的目標與靈魂相符時，這個過程會變得更加愉快。當你秉持著「抱負」運作，並始終專注於此，你對所取得的成就和自己變成怎麼樣的人，就會有一種深刻的滿足感。然而，**秉持「抱負」的關鍵在於，你要明白你得樂於**

實驗、並在過程中隨時修正方向。人們在職涯中犯的最大錯誤之一，就是過度專注於某個目標，以至於忘了檢視自己在過程中發生了什麼變化。在追求目標的過程中，「你的自我」是會改變的。不要過度執著於一個目標，以至於迷失了自己的方向，完全脫離真實或理想中的自我。

這種情況經常發生在名人身上，他們追逐成名的夢想，相信一旦「成名」之後，就會感覺很好，不料結果卻是精神崩潰。為什麼呢？因為成功的滋味不同於之前所想像的。或許他們變了，不再是當初選擇那個目標的人，又或許他們沒變，只是目標伴隨而來的新的責任和現實是他們過去不知道、可能也不想要的。正因如此，我們必須在過程中時時自我檢視，並在必要時進行調整。這就是「抱負」的意義，以及為什麼精彩的事業是一個過程，而不是目的地。要持續實踐他們的「抱負」，需要像煉金術士一樣，因為「抱負」不會停滯不前，而是會發展的，它們是活的、會成長的有機體，就像你一樣。當你只是設定並遵循目標，沒有在過程中質疑或改變它們，成功有時會像失敗那樣，令人感到不安和空虛。

恐懼vs.啟發

今天要問自己的最後一個問題是：**在個人職業生涯中，你的動力來自恐懼或靈感？**多年來，我設定重大目標都是基於一種信念，認為實現目標就能讓我變得更重要。我最深的恐懼就是害怕自己微不足道。我們許多人都活在一種幻覺中，認為只要在社會上有所成就，就能消除害怕自己無足輕重的恐懼，那並未消弭內心認為自己不重要的聲音，這是一個非常嚴重的滑坡效應。為什麼呢？因為如果你恰巧經歷了艱難的一年、或許是丟了工作、甚至失去財富，你就會覺得自己一文不值。這是無法長期持續的，然而，這是很多人所陷入的陷阱。

朋友啊，**如果你想要有個持久的職業生涯，我強烈建議你選擇靈感這條路，選擇能夠令你興奮之事，那樣才有辦法長期持續、促使你在一天中不斷前進**。記住你是會不斷改變的，當你改變，讓你容光煥發的事物，你的靈感也會改變。尊重這一點，並隨著你的靈感而改變。這並不代表你必須得拋棄副業、公司、或多年來努力建立的事業；可能只是代表你的靈感指示你，針對你的願景或計畫做點小小的改進和路線修正，這些都會對你的生命產生持久的影響，這就是「抱負」的本質。

如果你的一切行事是基於害怕自己微不足道、害怕失敗、或童年時接受的任何錯誤信念，都會讓你停留在「尚可」或不起勁的境地，在此追逐也許根本不適合你的目標。你不必再待在那裡了。這是全新的你，已決定要改變人生方向的你。不是明天，不是下個星期，就是今天。好，讓我們開始吧。

我們的信念系統由多種方式形成：透過對父母的依附、家庭或文化的運作方式、童年時的學校經驗、交友經驗等等。同時也會受我們基因組成的影響：我們的大腦或心智運作速度有多快、學習方式、血統中存在多少焦慮、情緒起伏有多大、以及我們如何處理訊息等等。如果我們傾向用比較正面的角度看待自己的經歷，生活就會感覺比較友善。儘管如此，負面經驗和挑戰可以增強我們的實力，而且往往是成長所必要的。然而，過多的負面經歷不可避免地會侷限你對可能性的想法，也會損害你的自尊，此時就該尋求專業人士的協助。

在此提供攸關你對父母依附關係的一些資訊：根據阿米爾・樂維（Amir Levine）和瑞秋・赫勒（Rachel S. F. Heller）合著的《依附》（*Attached: The New Science of Adult Attachment and How It Can Help You Find—and Keep—Love*）一書指出，人類有四種不同的依附風格[4]。樂維和赫勒用來鞏固依附風格的研究包括，評估媽媽離開寶寶身邊時，寶寶會作何反應。寶寶和父母相處的早期經驗，是日後他們在戀愛關係和整體人生發展依附風格的基礎。我將對此提供簡短的概述，但是請注意，我會著重於依附風格如何反映在戀愛關係，是因為人類在這些關係中往往比較脆弱，反應也比較強烈，但是這些依附風格會出現在所有人際關係中，包括工作職場。

一、焦慮型（約占總人口的二〇%）：媽媽離開時，寶寶大哭；媽媽回來時，寶寶大哭以示懲罰。寶寶看見媽媽很開心，同時也很生氣，想略施薄懲。

- 這種依附風格往往來自教養不一致的結果，父母有時可能會很慈愛，有時卻沒有反應或心思不知飄到哪兒去了。這種行為不一致會導致孩童對人際關係感到困惑和沒有把握，隨後會影響到成年期。
- 在成年人身上這種依附看起來像是一個人渴望連結或親密感，卻對威脅其安全的任何事物保持高度警戒，往往造成他們太容易焦慮或擔憂，感覺其他人並不願意像他們想要的那樣親近。
- 例如，在戀愛關係中，他們往往更關注這段戀情的發展方向、或自己是否被需要。只有在和伴侶接觸時，他們的焦慮傾向才會減輕，而與伴侶分開時，他們可能會陷入困境，反覆思考問題，或需要密切接觸以確保關係良好。

二、逃避型（約占總人口的二五%）：媽媽離開時，寶寶不哭；媽媽回來時，寶寶看起來不受影響。然而，寶寶的內心既不沉著，也不鎮定。事實上，這類寶寶的大腦活動看起來跟焦慮型的寶寶很像。這代表雖然他們的外在行為看似對親密關係不感興趣，但腦波卻反映出痛苦。

- 這種依附風格往往來自逃避教養的結果，孩子外在的情緒表達（快樂或悲傷）是不受歡迎的，會被視為丟臉或軟弱。從很小的時候可能得遵從不切實際的期望，壓抑情緒並維持一定的獨立性。儘管他們的某些需求得到滿足（如食物和住所），其他需求卻無人照管（如得到支持、擁抱）。父母可能因為忙於工作而心不在焉，或互動時只會施加壓力，希望改善學校或課外活動的表現。
- 展現出這種依附風格的成年人往往對親密關係有較深的恐懼，與人保持一定的距離，給人冷淡、疏離、漠不關心的印象。
- 在戀愛關係中，這種人往往看起來像是「情感疏離」的伴侶，當你靠近，他們就會跑開。根據逃避型的解釋，親密關係意味著失去自由。

三、**焦慮逃避型**（約占總人口的三～五％）：你猜對了，寶寶反覆無常，這一刻看起來還很好，下一刻便放聲大哭。寶寶雖然渴望安撫，卻又想將媽媽推開，做為懲罰。

- 這種依附風格往往來自童年時期遭到忽略的結果，父母對孩子的需求沒有做出適當的回應。在某些情況下，孩子的需求得到了滿足，但接下來的後續行動卻不一致。例如，有天晚上，孩子因恐懼哭泣時得到了父母的安撫，但接下來好幾晚孩子哭泣時，父母卻沒有給予任何支持。

- 反映在成人身上，這可能看來像是一種權力鬥爭，所謂「穩定的不穩定性」（stable instability），在生活的許多方面往往會發生情緒騷動。
- 在戀愛關係中，這種人可能會害怕親密關係，會覺得不穩定和焦慮。他們可能會突如其來大發雷霆，或者反過來，徹底封閉自己的情緒。

四、安全型（約占總人口的五〇％）：媽媽離開時，寶寶大哭；媽媽回來後，寶寶很開心，因為他們的需求再次得到滿足。

- 這種依附風格往往是因為童年時期孩子的需求經常得到滿足、也獲得充份的關心與愛護。父母會回應孩子的需求，並灌輸一股力量，使他們可以安心在社會闖蕩。
- 具有這種依附風格的成人通常更具韌性、而且情緒穩定。他們對親密關係感到很自在，通常比較善於溝通、較少防禦心。
- 在戀愛關係中，他們能輕鬆自在地看待親密關係，並善待伴侶，很容易寬恕別人。

當你對父母的依附是可靠的，就能幫助你適當發展神經系統、以及回應周遭世界，通常更能優雅地應對生活中的挑戰。這些健康的依附能支持你安然熬過創傷、也變得更有韌性。但是當親子關係和依附不穩定或不可靠時，你的內心很可能充滿不安，還會將這種感受投射到你生活周遭的人事物上。例如，焦慮的環境變成舒適區，變成你的常態，接下來，你會從舒適區中選擇事物，並發展出補償行為。這可能反應在許多事情當中，例如，選擇不穩定的人際關係或工作、嘗試較容易完成的事、或追求我們甚至不想要的目標，卡在我們不喜歡的工作或情境中，不斷取得欠佳的成果，這些全都是人生轉向的信號。我從小在家就被教育成富有創業家精神，這可以成就巨大的成功，也能帶來持續的焦慮暗流。這造就了我的創造精神，總是樂於冒險和嘗試新事物，同時也有廣泛性的焦慮、一直害怕失敗、或失去一切。

我的領悟

我們的念頭像雲，任意漂浮在腦海中——然而，從相信它們、在內心重複多次的那一刻起，這些念頭就變成我們的習慣性信念。無論好壞，都會變成我們的心理習慣、和定義自我的方式。在意識層次上，我確實相信就算沒有大筆財富，人生也可以是輕鬆快樂的。但是在潛意識中，我不相信那是真的——一點也不。我想要一匹旋轉木馬當十歲生日禮物，而不是一只行李箱。

是時候認清關於金錢，什麼是可行的？你習慣性或潛意識信念是什麼？以下是某些可能性：

我加薪無望。

他們會發現我不知道自己在做什麼。

我其實不值得更高的薪水。

我不是個優秀的員工。

我懶得請人。

我根本不想要我正努力爭取的那份工作。

那份工作會令人大失所望。

我不想跟新老闆打交道。

按照全新的時間表工作實在很累人。

我一直以來最愛的作家史蒂芬·切波斯基（Stephen Chbosky）在他的著作《壁花男孩》（*The Perks of Being a Wallflower*）中說得很好：「**我們接受自認為應得的愛**」。這也是歐普拉（Oprah Winfrey）向來主張的說法。除非你密切關注，否則你可能會因為自認配不上，或因為你不認為自己具有申請的資格，而破壞人生中的大好機會，（比如理想工作機會）。

實際應用

第一部分：金錢觀概述

一、在下列空格填入你第一個想到的字

(1) 金錢是＿＿＿＿。

(2) 有錢人是＿＿＿＿。

(3) 我無法創造我想要的財務結果，是因為＿＿＿＿。

(4) 如果我成功創造出許多財富，我害怕我會失去＿＿＿＿。

(5) 如果我成功創造出許多財富，我會得到＿＿＿＿。

(6) 金錢最糟的是＿＿＿＿。

(7) 金錢最棒的是＿＿＿＿。

(8) 如果我沒有錢，我會是＿＿＿＿。

(9) 如果我很有錢，我會是＿＿＿＿。

二、多少錢對你來說感覺賺得太多？

三、你得賺多少錢才能感覺夠用？（留意你是否受到父母影響？）

四、在你家，談論金錢或成功的對話會是怎樣？

五、你的父母如何看待金錢？（他們省吃儉用，還是揮霍無度？）

六、你的父母會公開討論金錢，還是私下談論它？

七、你何時才體認到金錢會影響你家中擁有的東西？你還記得嗎？

第二部分：金錢觀測驗

對於金錢，我們全都有許多信念，有些是積極的且能增強自信，有些則是消極、具限制性的。為了找出你的金錢思維可能會阻礙你的地方，讓我們用下列兩篇測驗評估你的信念！

第一步：用一到五分為下列每個想法評分，一代表完全不同意，五代表完全同意。

1	我隨時都有錢可用。	1	2	3	4	5
2	我很感謝金錢為我帶來舒適和快樂。	1	2	3	4	5
3	我有無限的謀生之道。	1	2	3	4	5
4	我有更多錢並不表示別人的錢變少了。	1	2	3	4	5
5	我的日常開銷總是綽綽有餘。	1	2	3	4	5
6	我總是想辦法買下對我很重要的東西。	1	2	3	4	5

7	賺錢很有趣。	1	2	3	4	5
8	對我來說，富有是可能的。	1	2	3	4	5
9	財富能使人對所關心之事慷慨付出。	1	2	3	4	5
10	透過積極運用金錢，我可以幫忙改變世界。	1	2	3	4	5
11	金錢的本質並不「邪惡」；它只是聽從人的命令行事。	1	2	3	4	5
12	我樂於接受身旁所有的賺錢機會。	1	2	3	4	5
13	我可以賺很多錢，做我喜愛的事。	1	2	3	4	5
14	我值得擁有快樂、健康、和財富。	1	2	3	4	5
15	我值得有錢資助我的夢想。	1	2	3	4	5
16	我很樂於投資金錢在自己和個人夢想上。	1	2	3	4	5
17	我很安於擴張信用和承擔某種財務風險。	1	2	3	4	5
18	我很擅長理財。	1	2	3	4	5
19	為我提供的服務收費，我不會感覺不自在。	1	2	3	4	5
20	我允許自己投資我個人喜歡的經歷。	1	2	3	4	5
21	我不會讓別人的判斷左右我的財務選擇。	1	2	3	4	5
22	我原諒自己所犯的金錢錯誤。我總是不斷在學習。	1	2	3	4	5
23	我透過正向思考引來更多財富。	1	2	3	4	5

24	有了更多錢，我可以聘請更多幫手，協助實現我的目標。	1	2	3	4	5
25	享受金錢並不會讓你變得貪婪或拜金。	1	2	3	4	5
26	多虧金錢，世上許多美好的事物才得以發生。	1	2	3	4	5
27	金錢可以買到選擇，而選擇就是自由。	1	2	3	4	5
28	我可以努力賺很多錢，活出我最精彩的人生。	1	2	3	4	5
29	我能在財務上獲得成功，同時擁有快樂的家庭生活。	1	2	3	4	5
30	我有本事賺到無限的財富。	1	2	3	4	5

現在請拿出計算機，計算你在第一步的總得分。接著閱讀第三步的指示。

第一步總得分：__________

第二步：請用〇到二為每個想法評分，〇代表不同意，一代表保持中立，二代表同意。作答時請憑感覺，誠實面對你內心深處的感受，而非腦中的想法，如此你就能夠永遠釋放這些限制和恐懼。

1	金錢是一切邪惡的根源。	0	1	2
2	金錢不重要。	0	1	2
3	金錢會破壞人際關係。	0	1	2
4	大多數有錢人為了創造財富，都做過某些不老實的勾當。	0	1	2
5	有錢人要不是出身富裕人家，就是非常走運。	0	1	2
6	財富會讓你的心靈貧乏。	0	1	2
7	賺錢並不容易。	0	1	2
8	想賺錢得先有錢。	0	1	2
9	我絕不想背負債務。	0	1	2
10	精打細算是必要的。	0	1	2
11	我很怕虧損或浪費金錢。	0	1	2
12	我不值得擁有財富。	0	1	2
13	我永遠不會變有錢人。	0	1	2
14	我不夠聰明，無法變得富有。	0	1	2
15	我現在太老或太年輕而無法建立財富。	0	1	2
16	我不大會理財。	0	1	2
17	我的熱情既無法盈利，也沒有銷路。	0	1	2

18	我的夢想太過昂貴。	0	1	2
19	開口要錢讓我覺得很討厭。	0	1	2
20	如果我很有錢，我的友誼就會不再緊密、真誠。	0	1	2
21	如果我很有錢，大家就會不再喜歡我。	0	1	2
22	如果我很有錢，我會變得貪得無厭。	0	1	2
23	如果我很有錢，大家會為了財富而利用我。	0	1	2
24	為了賺錢，我不得不犧牲人生的其他面向。	0	1	2
25	我學藝不精，無法從事熱愛的事來賺錢。	0	1	2
26	財富多多，問題多多。	0	1	2
27	賺大錢的責任太過重大。	0	1	2
28	現在正好不是我追求財富的最佳時機。	0	1	2
29	我已經夠用，不需要賺更多的錢。	0	1	2
30	工作唯一的目的就是賺錢。	0	1	2

現在請拿出計算機，計算你在第二步的總得分。接著閱讀第五步的指示。

第二步總得分：＿＿＿＿＿＿

現在，從第一步總得分減去第二步總得分，算出最後的分數。

第一步：＿＿＿＿＿

減

第二步：＿＿＿＿＿

你的分數：＿＿＿＿＿

根據你的分數了解你自己！

備註：金錢信念扎根很深。請放心，因為你正要展開療癒旅程，低分是完全正常的，將之視為評估你的思維、創造更健全心態的機會。第一步評估的是你自主的金錢信念，因此，你得重新考慮得分為四分或以下的任何信念，相信它們的代價是什麼？你的生活中有任何證據能立刻證明你寫的內容並不是真的嗎？

第二步顯示你可能仍舊認同的限制性信念，看看這些如何影響你的選擇，留意這些信念何時浮現，並選擇一個更加自主的金錢信念。和你的治療師或精神導師談談這些信念，可能會改變你的觀點，使你開始創造更為自主的思維。

經過一段時間後，不妨考慮再次進行這項測驗。屆時你可能已經準備好升級到下一層次的金錢思維！

金錢觀測驗結果

一三〇～一五〇分：你是財務自主的

不可思議！你對金錢抱持正向、自主的心態，這很罕見。想想，根據美國財務健康脈搏（US Financial Health Pulse）調查指出，只有二九％的美國人符合財務健康，此外，二〇一七年的蓋洛普民調（Gallup Poll）報告說，八五％的人討厭他們的工作。能夠對你的財務前景如此安心實在不簡單，而你在這方面表現得很好。然而，除非你得到滿分，否則你可能還是在阻礙自己按照理想的方式創造財富。問問自己：如果你的信念系統在第一步全都是五分，且在第二步全都是〇分，你該採取什麼行動？該是改變的時候了。

- 推薦書籍：T. 哈福・艾克（T. Harv Eker）著作的《有錢人想的和你不一樣》（*Secrets of the Millionaire Mind*）。
- 推薦 Podcast：《人生轉向 Podcast・第一〇〇集：心態：如何擁有百萬富翁的心態》（Episode 100: MINDSET: How to Have a Millionaire Mindset），來賓：萊莎・彼德森

（Leisa Peterson）[5]。

一〇〇～一三〇分：你的金錢觀相當務實

這是一個很穩固的處境，你可能財務穩定，對於經濟前景通常也抱持正向態度。你可能也對個人信念做了某些調整、或是接收財務成長的自主訊息。雖然你很積極，到目前表現也很不錯，仍舊有少數想法限制著你，這是你掃除阻礙，變得更強壯的大好機會。如同暢銷作家拿破崙．希爾說，「如果你無法想像擁有巨大的財富，它就永遠不會出現在你的銀行帳戶中」。

- 推薦書籍：拿破崙．希爾（Napoleon Hill）著作的《思考致富》（*Think and Grow Rich*）。
- 推薦 Podcast：《人生轉向 Podcast 第三十九集：心態：如何升級你的金錢心態》，來賓：克里斯．哈德（Chris Harder）[6]。

七〇～一〇〇分：你的心中為金錢所苦

難道不是人人如此嗎？根據決策實驗室（Decision Lab）發表的《二〇二〇年金錢心態調查》（*2020 Mind over Money Survey*）指出，五二%的美國人表示他們很難控制與金錢相關的擔憂。如果你也是如此，你的轉變就從現在根除錯誤信念開始。在你提升心態的同時，開始有條有理地制定計畫，實現你的儲蓄和職業目標。

- 推薦 Podcast：《人生轉向 Podcast 第六十一集：心態：六步驟提升你和金錢的關係》，來賓：摩根・瑞伊（Morgan Rae）❼。

四〇～七〇分：你的金錢信念嚴重限制你

「人生反映出的是自己的想法」，暢銷作家拿破崙・希爾寫道。確實，財務壓力會帶來重大衝擊。決策實驗室發表的《二〇二〇年金錢心態調查》指出，四〇%的美國人花得比賺得多，四三%的人反映經濟壓力造成他們的疲勞，還有二五%的人表示人際關係受到影響。找一家值得信任的公司，比如 SoFi，幫助你弄清楚個人財務狀況、處理債務，也是讓你感覺自主而且安全的對策。如果你的生活充滿財務壓力，不是金錢不可信，而是你的金錢觀在暗地裡主宰一切。在你人生轉向之際，當務之急是要改變你的金錢心態。

- 推薦書籍：琳恩・崔斯特（Lynne Twist）著作的《金錢的靈魂》（*The Soul of Money*）。
- 推薦 Podcast：《人生轉向 Podcast 第五十八集：心態：如何走出負債》，來賓：艾希莉・范斯汀・葛斯利（Ashley Feinstein Gerstley）❽。

四〇分或以下：你的金錢信念需要深層治療

朋友啊，我同情你，這事並不容易。我們得到許多關於工作和財富成長的複雜訊息，似乎都真實得令人難受。所幸，如今你已有所自覺，並能採取行動。對你來說，調整金錢觀應該是首要之務。放心，並不需要太久的時間。

- 推薦書籍：芭芭拉．史坦妮（Barbara Stanny）著作的《克服低報酬》（*Overcoming Underearning*）。
- 推薦 Podcast：前述每一集！

一、從金錢測驗第三步的負面信念當中，找出感覺對你最為真切的敘述……並挑出三則對你造成最大傷害的。

二、大聲地原諒自己所犯的前三大負面信念，並用全新的事實敘述更新之。

例如：「我原諒自己相信＿＿＿＿＿＿這個信念」（在空白處插入第三步中的痛苦信念——金錢是一切邪惡的根源）。「事實是＿＿＿＿＿＿」（在空白處插入全新事實，比方：金錢讓世上發生很多美好之事，就像人們會捐助非營利事業。）

三、對於這三則負面信念，找出具體實例說明它並不正確，進而提升之。

例如：

- 信念：如果我很有錢，大家就不再喜歡我。
- 升級版說法：我最要好的朋友非常有錢，我不只喜歡她，還很愛她。

結語

對於你的事業或周遭世界，你想要相信什麼？你想要相信你的事業既有趣，又收入豐厚嗎？你想要相信自己值得在事業中表現出色嗎？你想要相信錢很容易賺、容易累積，也容易保有嗎？事情的真相是，除非你為未來選擇新的信念，否則過去的錯誤信念會持續占上風。

意思就是，你必須仔細觀察現有成果，並檢視什麼信念讓你停滯不前。伴隨而來的往往是悲傷：對你的舊自我、舊習慣和舊生活方式。接受這些悲傷，不要以為自己偏離了正軌，自我價值是你與生俱來的權利。根據各種可能性過生活，不要被過去所束縛。

別忘了進步的五步驟：找出阻礙你發展的信念，感受引發你痛苦的信念，原諒自己相信那些錯誤信念，形成新的、更加自主的說法，並採取行動實現你的夢想。

第4章

順其自然，一切自有最好的安排

二〇一二年五月二十四日

當我咬緊牙關，離開華盛頓特區時，我對自己深感驕傲。我永遠忘不了搭機回洛杉磯的那趟航班，充滿燒焦的咖啡味和政治玩笑。坐在那班飛機上感覺很棒，因為我終於願意傾聽靈魂的聲音，多年來一直敦促我，幾乎要把我推到新的方向上。感覺很棒，因為我坐在靠走道的位置。感覺很棒，因為我很快就能在「歡迎回家」的派對上被親友環繞，彷彿我才剛從戰爭中歸來。

但在滿滿的驕傲感當中，湧現了一波悲傷感受，使我傷心的反恐工作夢想並不完全如我所想像的一樣，想為國家安全盡一份心力的那個夢想女孩，已不復存在。接著我想到有很多朋友曾對我吐露，在生命中的正向時刻卻感到哀傷：新手媽媽深愛寶寶，卻傷心失去自由；新婚夫婦婚姻幸福，卻為失去與新結識對象約會的悸動而傷心。隨著時間過去，我終會把哀傷視為一個移動的標靶，知道就算是好的變化也會帶來異常的悲傷。

我之前在華府時，完全忽略了我的真實自我和核心價值，這些是我的理想人生所依據的基本原則，也是我很珍視的特質。我安慰自己懷舊是一種非常人性的感覺，我決定把它看成是回饋，我只是在釋放自己的過去，而非做了一個糟糕的決定。畢竟，並非每件事都是全好或全壞。過去在華府那段不適合我的生活還是有些開心事，只不過，這些小小樂趣不符合我的新生活。如同諾貝爾獎得主安德烈．紀德（André Gide）寫道，**「除非有離岸的勇氣，否則無法發現新的海洋」**。你必須樂於拋下舊有的自我，告別你的舊海岸以改變人生，因為它們只是你探索內心的短暫停留。

傷心時刻

起飛時，我緊張地調整座椅，並戴上耳機，試圖蓋過我旁邊兩個小男孩玩遊戲機發出的聲音。正當我打起瞌睡，沉浸在對未來未知人生的思緒中，突然被一記耳光驚醒。我身旁的兩個男孩已經打了起來。

他們的母親向我致歉，然而那記耳光聲響把我帶回二〇〇八年。當時我大三，才剛決定要從事反恐工作。那時我以外國交換學生的身分住在法國南特（Nantes），那天一如往常，是個陰沉的雨天，好像天空永遠不會停止哭泣似的。傾盆大雨敲打著我的傘，我聽見一記響亮的耳光迴盪在旁邊的窄巷裡。我迅速轉頭看向聲音的來源，一個男人用我聽不懂的語言對著他的妻子大吼大叫。當我走近時，這名女子轉過身，透過被雨淋濕的粉紅面紗與我對視，她懷中抱著嬰兒，不停啜泣著，而他的拳頭如雨般落在她的身體和臉上。我無法呼吸，簡直不敢相信我所看到的。我迅速環顧四周，希望能在附近找到警察，發現街頭空無一人時，我的心沉入谷底。

在這寒冷、陰沉的傾盆大雨中，我們的視線交會片刻，人與人之間的交流，我驚恐的目光彷彿在對她說「對不起」。這名女子的痛苦顯而易見，她的沉默讓我想要為她發聲。無論她之前做了什麼、或是對她丈夫說了什麼，都不重要；沒有人應當被這樣對待。這一刻讓我進入人性的原始質樸。我們來自於兩個不同國家，說著不同的語言，或許有著不同膚色……這些都不要緊，我想要愛她、拯救她、免除她的痛苦。也因為她而做了一個職涯決定。

不想人生重來的潔希

回顧過去，我領悟到那男人的作為違反了我的核心價值觀之一：人際交往。我們的核心價值，也就是個人存在的核心原則，正是我們職涯道路的北極星。我從輔導過數百人的經驗中得知，大多數人擁有的核心價值不超過四～五個。我的核心價值是：自由、靈感、學習、幽默，以及人際交往。少了這些，我在這世上就不像我了，它們是我不容商榷的一部分。

我有個客戶叫做潔希，她很害怕自己「不得不」雇用我。她說她試過一切方法——聘請其他職涯顧問、和所有聰明的朋友聊過——但她覺得自己處於人生谷底。她不知道該拿自己的職涯怎麼辦，花了三年時間攻讀法律學位，背了大筆債務，卻恨透了自己在大型法律事務所的工作。它的薪水豐厚嗎？是的。但是她發現，自己每個週日夜晚都忍不住哭泣，還害怕週一早晨的到來。她對我說，「我不想要從頭來過」。

「從頭來過？」我問。我告訴她，沒有這種事。**我相信無論職務是什麼，都可以從過去線索中汲取職涯技能和經驗，理解過去有助於未來的職業發展。**無論你下一步要往哪兒走，你總是會有辦法傳達你過去的經驗，把你定位成下一步的資產。所有技能學習都不是浪費時間，所有的經驗也都是有用的。仔細檢視潔希的核心本質和核心技能後，我覺得很困惑。所有跡象都證實，除了她認為有趣的另外幾種職業選擇之外，她適合當律師。

關鍵藏在她的核心價值觀裡。她看著我的核心價值觀指南（Core Values Guide），告訴我哪幾個字她覺得有共鳴。

「我重視和平」，她嚴肅地說。

「真的嗎？」我問。「因為我覺得妳不像是個非常愛好和平的人。我的意思是，妳有很多特質，但是妳感覺不像是和平的人。我不喜歡把話說得這麼直白，不過我想要幫助妳，讓妳真正成長」。她笑著承認我是對的，她完全不愛好和平。

我向她解釋，**我看見大家在職業生涯犯下的最大錯誤是，選擇夢寐以求的核心價值觀（也就是他們期望自己能體現的那些字眼），而非能真正反映出真實自我的字眼。**

我們再次集中注意力，她列出：成就、紀律、財務安全、領導，還有平衡。當我聽見她說出平衡的時候，我的呼吸停了一秒。但是首先，我想先弄清楚每個詞對她的意義。就在前一週，我有兩個客戶選擇了「冒險」做為他們的核心價值觀。「對你來說，冒險是什麼意思？」我問。其中一名客戶是個年輕女子，她告訴我，冒險代表勇於嘗試她邁阿密公寓周邊的新餐廳；另一名客戶是年紀較長的科技業高階經理人，說它代表高空跳傘……當然了，每個人對核心價值觀的看法各有不同。

潔希說明每個詞，來到平衡這個詞時，她傻笑著說，「平衡對我來說，就是在我需要的時候，保有自己的時間。」

在接下來幾個月輔導潔希的過程中，我發現她和理想中的職業其實只差幾毫米的距離，我們所有人通常也是如此。大多時候我們都以為，因為我們不喜歡自己目前的處境，表示距離自己理想所在地很遙遠，我發現這往往不是真的。我們通常比我們所知道的更接近我們應當在且想要在的地方。這個練習幫助我們找出她事業的下一步。她以前選擇成為處理企業併購事務的律師，如果你認識做這行的人，就會知道在交易完成前，會忙得連睡覺時間都沒有。基本上，那種法律違反了她的平衡核心價值。所以接下來她怎麼做呢？她轉變成處理家庭法案件，並致力於那項專業。她最後變得熱愛自己的工作，也擁有她需要的所有平衡。

焦慮是個警訊，而核心價值觀是個過濾器

「妳為什麼這麼焦慮？」當我在電話上告訴我媽我要離開華府時，她這麼問我，也許她留意到我沉重的呼吸、我提到自己失眠、或總是擔心若真放棄辛苦得來的國安事業後該何去何從，還有她對錢的看法是對的。

即使不想面對，我還是焦慮不安。那時，我不知道自己為什麼如此焦慮。如果我當時有機會閱讀本書，可能就會留意到我的焦慮和恐慌都只是友善的指標，告訴我當時走的那條路並不適合我，我沒有傾聽內心所想的事實。也可能會注意到我是出於以為自己別無選擇的恐懼，才選擇了錯誤計畫。

當我們開始基於恐懼和匱乏做出決定時，會發生什麼事呢？同樣的事發生在我們以定速巡航方式行事：偏離自我與人生最真實的目的。我們忽視了自己的核心價值觀，只是移動，既不質疑它，也不好奇探索自己，更沒有自覺。接下來發生的事就是，發現我們在路的盡頭，被困在我們

不想要的境地，而且完全沒油了。一片空虛。

偏離自我可能就像潔希那樣，每到週日晚上就渾身不對勁，對於週一就要到來而感到不安。對其他人來說，偏離自我可能看起來像是工作時，在辦公隔間內漫無目的地走動，倒數著五點下班前的分分秒秒。對其他人來說，偏離自我看起來像是離婚、新的跑車、也許是過於龐大的信用卡債。就我而言，就像是搬到華府，在五角大廈工作，突然辭職，接著坐在飛機上身旁兩個男孩為了遊戲機打架，喚起過去回憶時墜入自我認同危機。

如果你太過偏離自我而聽不見生活的真相，它無論如何都會找上你。當我看見那名女子在小巷被甩巴掌時，我做了許多人在職涯道路上不經意間做的事：選擇職業時沒有考慮自己的核心價值。在政治界工作，特別是從事反恐工作，會讓我陷入文化衝突、戰爭，當然還有偏離自我……完全違反了我的核心價值觀。如果當時我運用個人核心價值觀做為過濾器，評估每個職涯選擇，我應該會做出完全不同的選擇。畢竟，我的核心價值觀（自由、靈感、學習、幽默、還有人際交往）是不可侵犯的，代表了我這個人。而當我的工作在某種程度上違反了個人核心價值觀，或完全容不下它們，我就會感到偏離自我。

當我越益深陷座位時，我感覺到空服員輕拍我的肩膀，我嚇了一跳，迅速擦去淚水，避免眼神接觸，希望她沒有看到我的絕望。但她看到了。她俯身微笑著問，「妳想要喝點什麼嗎？」我笑著回答，「好啊……有威士忌嗎？」

嗯，我不知道她對這項要求是怎麼想的，但是從她臉上奇怪的表情看來，我猜她沒料到我會要求來一杯威士忌。我的意思是，此刻是早晨七點四十五分，大多數人點的是咖啡或果汁。當她遞給我一杯冰塊和一瓶傑克丹尼爾迷你酒時，我靠近她，承認我以前從未真的喝過威士忌，更別提在這怪異時刻喝酒。她看見我眼中的淚水，笑著對我說，「凡事總有第一次，對吧？」

倒出威士忌時，我突然感到一陣沉重感，就好像是有人站在我的胸膛上，讓我無法呼吸，也無法甩掉無所依據的強烈感受。我處在陌生境地，在此之前，我向來對人生都有計畫。總是知道自己想做什麼、或是下一步的方向。但我的雙手並不在方向盤上，失去了方向，也沒有目標，感覺像是我在漫無目的地漂浮著，沒有歸處、沒有計畫、也沒有清晰的人生願景。

你曾有過那樣的感覺嗎？失落？困惑？挫折？像是有人突然中止對你的支持？更糟的是，這是我自己造成的。當你就是促成自我毀滅的那個人時，你無處可躲。或是，這是你的復活契機？只需要把自己推入烈火中，期望能浴火重生，變得更堅強呢？

美妙的未知境地

我的洛琳奶奶曾經說，這種感覺是美妙的未知，是個神聖的境地，只要你願意保持平靜，任由事情發展，這裡總是醞釀著神奇的力量。對我來說，離開華府，對於下一步職涯發展毫無頭緒，一點也不美妙。坦白說，「美妙的未知」對我感覺像是地獄的某種暗號。

坐在靠走道的座位上，我突然想起洛琳奶奶在我十歲時告訴我的某個精闢見解。當時我正努力爭取首次學校話劇中擔任主角，並設法應付戲劇選拔的折磨。我會不斷要求奶奶開車載我去學校禮堂，迫切想知道他們公布選角名單了沒。因此，當她在那週第五次把車開進停車場時，告訴我一件事，我牢記至今：「親愛的艾希莉，妳知道嗎，**妳人生的幸福攸關於妳在美妙未知中如何自處**」。

現在回頭看，這真是一個深刻的評論。我當時並不知道，洛琳奶奶因罹癌已來日無多，她沒有告訴我狀況有多嚴重，後來才真正從正確角度看待事物。這就是我的洛琳奶奶，一個話不多的慈愛婦人，但是一旦給我建議時，總是讓我銘記在心。

這則建議不只如此，她繼續說道：「妳打算為了有計畫而隨便抓住個計畫，陷入混亂，還是靜靜地坐著，相信時機到了，妳自然會聽見正確的答案？妳知道，這就好像是時區概念，紐約人現在正在吃晚餐，因為這是他們的晚餐時間……但是，艾希莉，現在不是我們的晚餐時間，因為我們在洛杉磯，比紐約晚了幾個小時。聽著，每個人都有自己的人生時機。相信妳的。別因為每個紐約人現在正在大吃大喝就抓狂——**要知道：妳的晚餐時間總是會到來**」。

我記得我抬起頭看她，消化著她說的話，有點像是我的電腦開了太多檔案後，MacBook 螢幕上就會出現轉個不停的彩虹球。

時機到了，自然會聽見正確的答案？我立刻暗自思索。我要找出答案，而且是現在就要。

在這樣的時候，與混亂的思緒搏鬥，感覺無所依據，感覺彷彿自己在漂浮，感覺人生似乎已經徹底瓦解，都是很自然的。我們迫切想要有所依據，其中一個方法，就是找尋計畫。**計畫能使我們安心、能管理我們對未知的焦慮、能提供我們一種掌控的錯覺，然而，那只是我們的自我意識、內在的安全機制，企圖掌控無法控制的狀況。**

一旦完成戲劇試鏡，選角的決定就不是我所能掌控的，沒人能打包票。我們唯一能做的，就是去參加，盡力而為，然後靜候佳音。當我們訴諸擔憂、懷疑和恐懼，等於將自己拋出美妙的未知之外，並落入控制中。

這會讓我們與人生脫節。

當我在飛機上領悟到這一切，啜飲了一口威士忌後，我想起過去只因為害怕再也找不到其他男人，而不願分手的那些男友。我想起小學時我不願放手的「好友」，儘管她老愛在學校食堂當著同學面前貶低我。當然，我也想起我在五角大廈的時光，以及我為自己在國家安全職涯中所做的種種計畫。我再度意識到，我的真實自我或心中理想的未來是不容忽視的事實，像是沸騰的熱水壺似的，總是不斷浮現，並高聲叫我面對它。

我們的直覺總是會插話。

我坐在那兒，淚水從我臉上滑落，我蜷縮在座位裡，下巴微微揚起，我感覺到了真實的自我穿透我紊亂的思緒。**我比自己的失誤更重要，今日的我不必然代表明日我會成為什麼樣的人。**

因此，實情是：當你感覺無所依據時，其實更接近生活的現實，因為你的一切計畫都只不過是——計畫，生活必然會干預。在無所依據的時刻，你能給予自己最大程度的愛，就是主動適應一切，並知道這是短暫的。因此，思緒像晃動過的雪花水晶球，陣陣雪花在我腦海中翻飛，而我不再試圖理清這一切，相反的，我決定暫停一下，靜靜地坐在飛機上，讓我的思緒落地，它們終究會如雪花般降落並融化。在那寂靜之中，我期盼答案會一如以往自動出現。多虧了洛琳奶奶，我開始安於美妙的未知境地。無論出於什麼原因，我開始、或者該說選擇把人生視為遊樂場，有著各種的可能性。

當飛機緩緩降落在洛杉磯的一片燈海中，我貼近從靈魂深處冒出來的那股強烈感受，那是一種自己知道的自信，因為，畢竟我剛離開一份有保障的穩定工作，也沒有後續行動計畫可循。誰會做這種事呢？我會。不，我不會建議你這麼做。就我而言，我已準備好開始新的生活了。

下飛機邁向人生新階段

當我致力追求理想的自我時，我才知道，做真實的自己感覺真好、如此自由自在，以至於你生活中其他行不通的部分、其他不願面對的真相，都會開始到處喧鬧登場。這個真相會帶來更多的事實，正是這個現象讓大家不願選擇去認清真正可行之事。面對現實吧：真相可能會破壞你的生活。但是大家不知道的是，它創造了一個全新、純粹的基礎，你可以藉此發展出更令人滿足的生活。這就是我們的人類經驗，一個放手的過程，擺脫不再適合自己的舊自我，進而採用全新的觀點看待這世界。

我再也不是那個想搬去華府的女孩了，那感覺很嚇人。事實上，生活也是如此。在那一刻我體認到，活著本身就是一大成就。我的意思是，想一想，為了融入社會，你必須上學、表現良好才能畢業、找到工作、還得每天去上班，這本身就是工作。你得出現、全心投入、真正支持自己和你想成為的那種人。你知道什麼比較容易嗎？至少在短期內？假裝你根本不必勇敢面對。實際上勇於現身，尤其在沒心情時照樣這麼做，可是一件大事。

下飛機時，我納悶著那個陰雨天在法國窄巷遇見的那名漂亮女子後來怎麼了。我想知道如果她選擇人生轉向，離開那個對她施暴的男人，她的人生會有怎樣的變化，也很好奇她的寶寶會變成什麼樣的人。在恍惚中，我在路邊招了輛計程車，並提醒自己，我遠遠超乎我自己至今創造的成果。

你也是。

人生轉向 4

確定核心價值觀

看見這麼多人把自己的偉大侷限在一個職業頭銜，實在令人心痛。以下是我所見之事：**那些熱愛自己事業的人都涵蓋了三個關鍵基礎。他們的核心本質符合其工作性質；他們會積極運用自己的核心技能；他們的核心價值觀也成了篩選功能，決定是否接受現有的工作。**我時常聽見以下說法：

我擅長寫作，所以我想當編輯。

我擅長與人爭辯，所以我想當律師。

我擅長數學，所以我想當投資銀行家。

我喜歡科學，所以我想當醫生。

一旦弄清楚自己的核心本質（別人對你的感受）和核心技能（你最擅長之事），你可能就會根據對這世界和外界眾人從事工作的了解，產生某些職銜想像。大多數人在職涯上所犯的錯誤，就是錯在這裡。

創造美好的事業就是成為真實的自己，也就是說，定義你的五大核心價值觀，並藉此篩選你的潛在職業選項。我想向你展示如何發掘自己的核心價值觀，因為它們是你考慮職銜和職業道路的終極過濾器。

如果你不太清楚那些工作其實涉及什麼，記住：**明確感來自實際參與**，而非空想。參與可以有多種形式，比如修習課程、向你自認想要的職務實際從業者請益、閱讀相關書籍、參加拓展人脈活動，甚至直接從事這個工作。畢竟，職業發展是一場實驗，而部分的成功取決於你能否放輕鬆，實際嘗試你所有的職業想法，就像衣服要試穿之後才知道你想不想買。

我的領悟

人們在決定個人核心價值觀時會犯的最大錯誤之一是，挑選的字眼或原則是他們夢寐以求的。別忘了我的客戶潔希的實例，她選了「和平」這個字眼，後來才慢慢承認，這個詞並不符合她真實的核心價值觀。挑選夢寐以求的字眼告訴我們，我們想要生活中能多點什麼。注意這一點。仔細研究我們期望做為核心價值觀的這些理想字眼，並根據下列問題擬定計畫，把它們帶進你的生活中：我現在能在生活中做些什麼，才能創造更多那樣的特質？當然，它不是你的核心價值觀，但卻是你渴望的事物，實踐它。

現在，回到你真正的核心價值觀。如前所述，我個人的核心價值觀包括自由、靈感、學習、幽默，以及人際交往。我知道這些對我都是真實的，因為如果其中任何一項被剝奪或受到侵犯，我會出現本能反應。當你的工作欠缺核心價值觀，你會感覺「少了什麼」。另一方面，當你的工作違背某個核心價值觀，那就是你會產生本能反應或不快樂的時候。舉例來說，假如我沒時間讀書或聆聽喜愛的 Podcast 節目（學習），我會煩躁不安。如果我的事業開始占去太多時間，讓我失去平衡、感覺像是工作的奴隸，我會開始討厭我的工作（自由的問題）。接下來我會讓你瀏覽一份核心價值觀清單，以便你能仔細檢視並選出你的核心價值觀。

也要記住，你如何表達你的核心價值觀和它對你所代表的意義，在別人看來可能是完全不同的事。還記得我的兩名客戶對「冒險」概念有不同的看法嗎？其中一人認為它是指嘗試新餐廳，另一人認為高空跳傘才算數。天差地遠，對吧？我認為，這種差距也是人們在愛情中沒有成功的原因。他們大多著重於雙方有無相同的核心價值觀，卻忘了問自己的伴侶對於那些核心價值觀的詮釋。

當然，你很敏感又玻璃心，這就是為什麼你的核心價值觀使你在世上如此獨特——也就更有理由進一步探索這些字眼如何真正成為你的生活原則。從那裡，它們變成終極的職涯過濾器。檢視你可能的職業清單上的每條路徑或職稱，問問自己：這符合我的五大核心價值觀嗎？同樣重要的是，是否違反其中任何一項呢？

實際應用

一、寫下你的核心本質，並列出一份符合你的核心本質的職業清單。

二、寫下你的核心技能，並利用它做為過濾器，從符合你核心本質的職業清單中篩選職務。

三、從下列清單中選擇你的核心價值觀。請圈選出十個最能體現你真實自我的字眼，也就是說，如果那個字眼沒有出現在你的生活中，你就不是你了。著重在你真實的自我，而不是你想成為的那種人。

核心價值觀清單

富足 Abundance	有趣 Fun	忠誠 Loyalty
真實性 Authenticity	慷慨大方 Generosity	開放 Openness
平衡 Balance	真誠 Genuineness	和平 Peace
關懷 Caring	給予付出 Giving	心靈平靜 Peace of mind
奉獻 Commitment	優雅 Grace	不屈不撓 Perseverance
共同體 Community	感激 Gratitude	存在感 Presence
憐憫同情 Compassion	成長 Growth	承諾 Promises

關心他人 Concern for others	幸福 Happiness	諸事順遂 Prosperity
勇氣 Courage	和諧 Harmony	尊重 Respect
創意 Creativity	健康 Health	責任 Responsibility
奉獻 Devotion	助人 Helping	自我實現 Self-actualization
紀律 Discipline	誠實 Honesty	自我表達 Self-expression
盡我所能 Doing my best	榮耀自己 Honoring myself	成就感 Sense of accomplishment
同理心 Empathy	幽默 Humor	泰然自若 Serenity
卓越 Excellence	靈感 Inspiration	服務 Service
信仰 Faith	誠信 Integrity	分享 Sharing
家庭 Family	歡樂 Joy	分享個人天賦 Sharing my gifts
樂意 Willingness	仁慈 Kindness	力量 Strength
自由 Freedom	學習 Learning	信任 Trust
友誼 Friendship	慈愛 Loving	

四、寫下你希望能更充分體現的三個核心價值觀，它們是你夢寐以求，想在生活中擁有更多的特質。

(1) 寫下你在生活中什麼活動能帶給你這些字眼的感受。好消息是，當你刻意在生活中創造那樣的感受時，就更能體現你想要的那種感覺。

五、定義你所選擇的十個核心價值觀。問問你自己：這十個名詞對你來說分別意味著什麼？你如何在生活中各別體現那些特質？

六、選出你絕對不能沒有的五個重要核心價值觀。這很難，但是我們必須縮小範圍！請注意，諸如「卓越」和「精通」聽起來可能很相似，但是當你親自定義時，它們對你個人、或生活方式可能有不同的含義。

七、查看你的職業清單，並透過你的五大核心價值觀篩選每個職稱。哪些工作符合或違反你的核心價值觀？

八、寫下其職業生涯最能鼓勵你的五個人，任何人都可以，例如，你的母親、耶穌、歐巴馬總統，都可以。問問自己，他們的哪一點讓你覺得備受鼓舞？你在他們身上看見什麼特質，是你想要在自己身上培養的？

結語

創造能符合你真實自我的職業生涯牽涉到許多因素。當你在生活中感受到焦慮或偏離自我時，不妨自問：那個痛苦想要傳達給你什麼訊息？通常那是你沒有回歸自我的簡單回饋。如果你仔細審視，可能會發現工作偏離了個人的核心價值觀。珍惜自己的五大不可退讓的核心價值觀，將之視為個人事業永遠需要的指南針。核心價值觀肯定是我事業的指引方向北極星，很可能也是你的。

第5章

你是深陷恐懼，還是深受激勵？

二〇一二年九月六日

回到洛杉磯的家一個月後，我聯繫了一位在Yelp上找到的治療師，艾麗莎·諾布里加（Alyssa Nobriga）。她是一個神奇的女人，在幾年的時間內幫助數百位客戶，從名人到商界領袖，協助他們追尋和感受自我價值。

我內心有一部分希望她能和我一起，假裝一切都很好，繼續一味地否認。畢竟，和熟悉的魔鬼打交道，總比面對未知更好，對吧？我渴望改變，卻又害怕之後生活不知會變什麼樣子……又得下多大的功夫。我得和男朋友分手嗎？還是辭掉另一份工作？變化和成長往往令人害怕，看起來像是一團混亂……而我累了。

與諮商師艾麗莎的心靈對話

電話鈴響時，我緊張地握著話筒，不知道自己要說什麼。艾麗莎的聲音純淨而溫暖，激勵我敞開心扉，遠遠超出了我最初的諮詢計畫。「告訴我發生了什麼？」她說。我開始一古腦兒吐露心事。

「我不知道自己的人生怎麼搞的，我痛恨我的工作。哦，還有，我不知道我約會的對象到底適不適合我，我們已經好久好久沒有親熱了，前幾天我才和朋友的媽媽談起這件事，她告訴我，戀愛關係一久就會變這樣了。但我內心有一股疑惑，不確定那是不是真的」。

我停頓了幾秒鐘，讓我的話沉澱在空氣中，緊張地繼續說道：「妳呢？妳結婚了嗎？那是真的嗎？性愛真的不復存在了嗎？」

她親切地笑著說：「我聽到的最大的問題不是發生了什麼，而是妳聲音傳達出的焦慮。下星期到我辦公室來，看看我們能做些什麼」。

我告訴她，我很樂意解決我的焦慮，但我真正需要的是一個職涯規畫。她笑了，我們掛了電話。我只是想尋找一些計畫以緩解我的焦慮，給自己一點掌控的感覺。

我打完電話後，一股莫名悲傷席捲而來。我想念以前的我，那個生活井井有條的我，認為五角大廈就是我的完美天職，也曾經認為男朋友就是真命天子。現在看法完全不同，此時選擇成長，感覺並不容易。我想到了毛毛蟲的破繭成蝶、蛇的蛻皮成長、種子迸裂綻放出的植物，**它們每一次的轉變看來都像是徹底的毀滅**。我心想，那正是我。但這並不能保證我也會像蝴蝶、蛇或植物那樣蛻變成長，也許我會就此毀滅，身陷在我已經習慣的未知地獄中。

我走進了艾麗莎的辦公室，對於即將面對的談話結果感到既緊張又興奮。

她說：「讓我們召喚光明吧」。我點頭表示同意，雖然我不知道「召喚光明」是什麼意思。她微笑著說：「閉上妳的眼睛」，接著繼續引導我進入冥想。我以前從未體驗過，但不知為什麼，我信任她，她的存在讓我有一種撫慰、神奇和療癒的感覺。

冥想一結束，我立刻又緊張起來，因為我內心追求高效率的那一面想要快點完成事情，此時此刻該好好解決我的職業生涯問題了。如果我們能在這一個小時之內完成，那就太好了。我此刻坐在這裡，幾乎感覺到我的生命時鐘正在滴答作響。

「謝謝妳」，我說，「關於我的事業……有什麼辦法能讓我想清楚這件事嗎？我的履歷開始看起來像是我錯誤嘗試的墳墓。我試過這麼多不同類型的工作和實習，但總還是覺得少了些什麼」。

我開始見艾麗莎的時候，才剛從華府搬回家後不久，也才剛在洛杉磯市中心的一家政治風險諮詢公司開始一份新工作，負責管理一個情報分析員團隊，追蹤一家公司客戶的安全威脅，他們的員工分布在全球各地不穩定的地區。她開始詢問我的工作經歷，於是我告訴她，我研究所畢業後的第一份工作，是在一家廣告公司做一名低薪的行政助理，而我之所以接受這份工作，是因為沒有人回覆我的求職申請，我心想「我只好接受事實」。我接著繼續講述我是怎麼突然辭去行政工作，搬到華府，在那裡找到了為五角大廈服務的工作機會。我告訴她學習如何找工作、為自己創造選擇的過程，深深地改變了我的人生。

我告訴她，我在決定離開華府五角大廈工作的同一星期，就在家鄉洛杉磯得到了一份工作機會，也就是我目前所從事的，這一切都歸功於我精湛的求職技能。我非常努力地拓展人脈，事實上，我在華府社交活動的對話，讓我整整一年都源源不斷地得到工作機會。我開始和她分享我們整天待在辦公室裡研究恐怖份子的故事，以及我對於掌握這麼多攸關人類安全的情報，心裡有何感受。

艾麗莎揚起眉毛，點點頭說：「聽起來妳的工作責任重大」。

當各種恐怖攻擊在我腦海中閃現時，我心想，是啊！就在那個星期，我和我的北非分析員坐在一起，評估一段人們在一個小農夫市場逃離炸彈的影片，希望能找出襲擊者。那該死的畫面盤旋在腦海中，妳知道嗎？我想到了那天早上我和一位聯邦調查局探員一起參加培訓課程時，他試圖要緩和沉重的氣氛，「夥伴們，今天的問題是什麼啊？」他問道，「我們今早是不是要處理極端份子的影片？白人至上主義者？還是有槍枝問題的孤狼？妳說吧」。

我把心思重新集中到和艾麗莎所處的房間裡。「奇怪的是，我的工作本身並不是我感到沉重的真正原因。對我來說，好像是……其他的事」。

「好吧」，她接著問道，「其他的事指的是什麼呢？」

「嗯，首先，我覺得自己好像永遠不會明白，永遠理不清楚我的人生真正的意義為何。感覺我在這個世上的時間毫無意義，好像我根本不重要。總覺得我的新生活就像是在一個小辦公間裡，或是坐在一個財務旋轉木馬上，領著一張又一張的薪資條，如果幸運的話，每年加薪三％。這一切都帶有一種絕望感，妳知道嗎？所以，這是第一件困擾之事，我的職業生涯，我真的希望找出意義。其他的事，我不知道」。

她坐在那裡，幾乎等著聽聽我的人生是否還有什麼懸而未決之事。一想到其他的事，我就覺得胸口一緊。我深深吸了一口氣，感覺自己快要窒息了。隨後，她問我還好嗎。我覺得我好像打開了潘朵拉那該死的祕密盒子，只不過，裡面更像是裝著小食人魚。我告訴她，我覺得自己胸口快要窒息，感覺被逼入絕境了。

她問我：「如果妳能給胸口的窒息感描述顏色或濃稠度，會是什麼呢？」

多奇怪的問題啊，我心想，但管他的，我人都在這裡了，還是照做吧。我接著說，感覺像是黑色和灰色，像一種濃厚的、緩慢窒息的氣體滲入我的肺和心臟。我微笑著，很不舒服，對自己的回答感到驚訝。

第一次感到窒息

她在那裡坐了一會兒，才回應說道：「那股黑灰色的窒息氣體滲入的感覺，回想妳這輩子第一次有那種感覺是什麼時候？」

進入我的記憶庫感覺就像是進入了一個黑暗的空洞，我看到的只是虛無。但後來我突然想起了一件我不常說的事：小時候曾受到性騷擾。

「我記得一件奇怪的事」，我承認道，「大約在我七歲的時候，在我自小生長的房子裡，我剛從天篷床上小睡醒來……睜開眼睛就看到一個我認識了一輩子的男孩，他那天正好到我家來。他全身赤裸地站在我身邊，要我摸他。我不知道他在說什麼，我真的很害怕……我當時還小，對性事還不懂」。

艾麗莎靜靜地坐著，我注意到她的眼眶濕潤。

「聽著」，我說，「我是可以繼續談這件事，但我在大學時已經和心理醫生談過，我覺得我已經完全釋懷了。而且只發生過一次」。

她打斷我說：「一次就夠了」。

「這些和我的職業生涯有什麼關係呢？」我防禦性地問道，不再指望我們能有任何進展。

「關係可大了」，她堅定地說，「我聽到妳已經把自身的經歷說了一遍，但妳有正視自己的感覺嗎？我之所以會這麼問，是因為有些人只是一再地講述痛苦的經歷，藉此來表現他們在處理某些問題，而事實上他們只是在透過理智說話，以此避免碰觸自己內心真正的感覺」。

卸下理智，走入心房

我想起了我生命中經歷過的所有分手和失去，我是如何據理說明、無休無止地談論這些事，只有偶爾在黑夜中獨自面對淚水和心碎。我想起了有一次在一家果汁店，我看到一種果汁，顏色和對我性騷擾的男孩所穿的襯衫一樣，便在排隊人群中哭了起來。這就是創傷運作的方式：一種情緒反應可以好像無緣無故地就被觸發。

我們經常喜歡依靠理智大腦，據理解釋痛苦的經歷，而刻意忽視對痛苦的感受。畢竟，我們的大腦是用來保護我們在世界上的生存，大腦喜歡做的一件事就是保護你免受心碎之苦。但人一生中所經歷的痛苦——例如親人逝世、與人分手、或受到拒絕——都會殘留一些痕跡，等待你的允許，讓它浮出表面並癒合。我現在發現，人們經常不顧一切壓抑自己的感受，因為說實在的，痛苦是令人害怕的，它會讓你一整天都筋疲力盡、影響你的工作表現等等。

如今身為一名職涯顧問，我注意到艾麗莎幫助我看清人們在感到生活痛苦或難以承受時的兩種操作方式：抗拒或沉溺。

每個人似乎都有自己的個人偏好，而在我面對艾麗莎的情況中，我採取的是抗拒。抗拒通常看起來像是完全不願多談，也可能像是喋喋不休地談論任何痛苦問題，藉此來避免靜靜坐在那裡，真正感受到痛苦。我知道這聽起來有悖常理，但談論可能像是從精神層面分享資訊，卻沒有真正感受到它在你心中的沉重。但是，正如榮格曾經說過的，「**你越是抗拒的，越是堅持存在**」。**因此，只有正視情緒感覺，真正對它感到好奇，與它共處，你才能獲得釋放。**

所以，我在面對艾麗莎時，心生抗拒。我不斷說話是為了讓自己看起來好像在處理某個問題，而實際上不必承受沉重的感覺。你這輩子有過這種經驗嗎？一直說、一直說、一直說，和每個人和他們的媽媽分享你的痛苦故事，希望他們能說些神奇的話，讓痛苦消失。你注意到自己在什麼情況下這麼做過？在這些時刻我們所需要的，其實正是靜靜躺在那裡，把被子蓋在頭上，讓痛苦像漲潮似的流入我們的身體。

如果你沒有抗拒自己的感覺，也許可能選擇沉溺其間，這是另一個極端。身為職涯顧問，我注意到這是當你對某件事非常情緒化，無法承受，因而選擇沉浸在戲劇化的痛苦當中。置身於某件事情的戲劇之中，往往只是避免感受心碎的另一種方式。正如當代知名心靈大師、《當下的力量》（*The Power of Now*）作者艾克哈特．托勒（Eckhart Tolle）睿智地說道，「**當你全然接受一切時，那就是生命中所有戲劇的終結**」。

艾麗莎為我概述了「抗拒」和「沉溺」的概念，我從未忘記。我想起了我在五角大廈時那些恐慌不安的時刻，我發現自己對著廁所的鏡子哭泣，沉溺在當下的戲劇性，促使我哭得更傷心。我傻笑著想：艾麗莎很有趣；我最好還是繼續來找她諮商。就好像她是我前世的母親，此刻我們莫名其妙地再度重逢。

性騷擾的恐懼

艾麗莎問我是否願意讓她多問一些關於這個小男孩的記憶，我點點頭，坐在米色絲絨沙發上，就像一部浪漫喜劇中接受心理治療的典型場景。不知什麼原因，我相信她知道在焦慮另一端是什麼樣的我，打從小男孩騷擾事件那天起就一直背負著焦慮感，她好像幫助我了解到，我可以比任何讓我焦慮之事更為堅強。

「那麼，告訴我，那個男孩壓在妳身上時，妳當下的感覺是什麼？」

「害怕、震驚、困惑，我不確定」，我說，仍然感覺被一堵小牆包圍著。接下來，她問了我一個問題，深深影響了我做為顧問的工作。

「如果那一刻妳的恐懼能說話，它會說什麼呢？」艾麗莎問道。

我想像著一股濃濃的灰色氣體滲入我的胸膛。

「我的恐懼會對他說：『滾開；你為什麼要這麼做？』我不再安全了，就連在家裡也一樣」。

她問：「妳覺得這次經歷對妳造成什麼影響？」

「我覺得很噁心，自己很渺小，對我的人生無能為力」。

當這些話猛然穿透在我們之間的空氣中，我驚呆了。我們通常有兩種經驗：第一種是實際上所發生的事，第二種則是我們針對此事延伸的意義，不管是對於自己、對他人、還是對世界。這種意義經常會改變我們的思維和信念系統，特別是在創傷的情況下。這些錯誤的信念，如果出現的話，會不斷重覆在我們身上多年，直到我們意識到為止。看到我對自己的職業生涯充滿了信心，卻又因為一件完全與之無關的事情而焦慮不安，著實令人印象深刻。你生活中有哪些事件引發了深刻的情感反應？至今仍然對你造成影響嗎？

艾麗莎反思我關於感覺無能為力的評論，繼續問道：「妳覺得這是真的嗎？真的認為自己無能為力、自己很噁心嗎？」

我回答說：「現在不會了，但在那一刻確實如此。當我回想起這件事時，也的確有此感覺」。

在這一刻，我明白了我的真實自我遠遠超乎我給自己加諸的意義。我並不噁心，我只是個孩子。我坐在那裡，感覺自己充滿了人性和同情心。我想起了我在五角大廈時所有不安的時刻，所有感到孤獨的時刻，我的感覺根植於被我認識和信任的人騷擾的痛苦經歷。

「在妳的職業生涯中，有沒有出現過自己不重要的感覺，如果妳不知道自己的人生方向，妳就一點也不重要？或是覺得自己根本沒有能力想清楚？」

我點頭同意，像一隻熱切期待糧食的狗似的，等待她的洞察力。

「如果妳不相信自己的職業與自我的重要性有任何關聯，會是什麼樣子？如果妳的職業根本不重要，妳又會有什麼感覺呢？」她好奇地問。

「應該是自由的感覺吧」，我承認，「但職業確實很重要啊，我想做一些有意義的事」。

她提醒我，我可以在人生中做任何我想做的事，隨後給了我一個深刻的見解，讓我思考至今：**我們都像汽車一樣，遊走於世界當中，選擇用恐懼或激勵這兩種不同的汽油之一來加油。**

到目前為止，我的人生旅程總是帶著一整個油箱的焦慮和對失敗的恐懼。關於恐懼的好消息是，它經常能激勵你去想去的地方，壞消息則是整段旅程都會很糟糕。而那段旅程，那些糟糕的歲月，可能是你一輩子的人生。

艾麗莎看著我，「我很想看到妳在事業和生活中都得到樂趣。所以，請妳告訴我，什麼事會讓妳深受激勵？」

這是我第一次想到人生轉向的概念，回歸真實自我，最重要的是，回到激勵我的泉源。

「我不知道耶」，我很挫敗地承認，「我猜我並不了解自己」。

個人發展的動力：充滿憐憫的自我寬恕

在會談即將結束時，艾麗莎看著我說：「讓我們原諒妳自己從被騷擾的那天起對自我的批判吧——妳對那個男孩、對妳個人、和對整個世界的評價。我要給妳看一個我在聖塔莫尼卡大學精神心理學課程中學到的工具，叫做充滿憐憫的自我寬恕。把妳的手放在心上，跟著我重複：**我原諒自己相信了……**，接著說出妳在與小男孩的遭遇之後對自己的看法」，她引導著我。

我尷尬地把手放在心上，如此脆弱地信任著她，跟著重複說道：「我原諒自己相信了我很噁心」。

「很好」，她鼓勵地說，「現在，真相是什麼？以『**事實是……**』開始」

事實是，我心想，我才七歲，那不是我的錯。我坐在那裡，感覺自己全身都在顫抖，我大聲對她說了那些話，在那一刻感覺好像快要哭了，身體誠實地反應情緒。

「好吧」，她親切地說，「接下來，讓妳原諒自己相信了自己的無能為力。記得要用事實改變這個想法」。

我看著她，脆弱地相信她說的每一句話，在她面前顯露出我從沒讓別人見過的脆弱心靈。我靜靜地坐著，嘴裡說著：

「我原諒自己相信了我對人生無能為力；事實是我很堅強；事實是有些事情不是我所能控制

的；事實是，屈服其實是很有力量的一件事；事實是，我的經歷並不能完全定義我是什麼人，我的真實自我遠超乎一切」。

我沉浸在我發現的詩意中：無力感其實是相當有力的，正是在無能為力之中，我們才能屈服，並堅信世界會支持我們，在我們縱身一躍（行動）時，變成一張網，在空中接住我們。我把手放在心上，顫抖著，在心裡默默地說著：

我原諒自己相信了事業發展才能證明我的價值。

事實上，我很重要，不管事業成功與否，我都會為這個世界帶來正面的影響。

我原諒自己相信了我的價值與我賺多少錢有關。

事實是，不管我賺多賺少，我都能提供價值，我生命中最美好的事物都與金錢無關。

我原諒自己相信了我並不安全。

事實是，我能夠自我保護，有能力照顧好自己。

最後那些話感覺就像我的肺吸入了新鮮空氣，就像黑灰色的煙霧離開了我的身體。

「下週見」，艾麗莎說，「還有，在妳回來之前，可以完成兩件事嗎？」

我點點頭。這個女人，她的靈性和慈愛的天性是如此迷人，只要她開口，我可能願意為她赴湯蹈火。

她給我的第一個任務是寫一份快樂日誌，要我在接下來的三十天裡，寫下每天工作中最讓我興奮的一刻。她建議我們再從當中檢視我的快樂感存在什麼模式。第二個任務是仔細思考這個問題：我的焦慮感帶來什麼回報？

什麼都沒有啊，我心想，真是個瘋狂的問題，我翻了白眼，「好了，艾麗莎，我今天受夠了這種脆弱感」。她笑了，我走出去時，感覺自己煥然一新。

走回到我的車上，我一直在思考艾麗莎的問題。我拿起手機打電話給我最好的朋友妮可・諾帕瓦（Nicole Nowparvar），她也是一名心理治療師，在世界各地都有客戶。真有意思，電話鈴響時我心想，我身邊都是心理治療師，這代表了什麼？

她接了電話，迫切地想聽我和艾麗莎的談話內容，我提到了她要我思考的這個問題：我長期以來的焦慮感帶來什麼好處或回報。一如以往，妮可問了我很棒的問題：「嗯，當妳感到焦慮的時候，艾希莉，妳會怎麼做？妳變成怎麼樣的人？」

我用艾麗莎的抗拒概念極端例子回答說：「我不知道啦，我會嚇壞了，我會打電話給妳，我會一直說、一直說、一直說」。

她笑了，打斷了我，說了一句讓我猛然頓悟的話，「聽起來像是全天候的工作啊，艾希莉」。

全天候的焦慮

她當時並沒有想到這點，但我意識到了：那就是我的回報。當生活變得難以應付時，我不是選擇面對、進而忍受它，而是會陷入我熟悉的焦慮當中。我的焦慮感使我得以對任何狀況失去理智，跳入自己封閉的內心風暴。當生活變得太沉重的時候，它幫助我逃避生活。就像癮君子會選擇用毒品逃避現實，我會把注意力轉向焦慮。

焦慮跟我是亦敵亦友，就像很多其他情緒狀態一樣（如憤怒或抑鬱）。當我生活一團糟，別人都無法忍受時，焦慮就是和我混在一起的朋友。在某種程度上，焦慮會席捲我，讓我不用再應付眼前的一切。

我想起了我認識的一個傢伙，他總是處於惱怒的狀態。我在想，他似乎是在利用自己的憤怒，把它當成一個悲慘的度假地，當生活令他難以承受時，他就會躲到那裡去。這麼做有什麼好處呢？他不必去面對任何引起他憤怒的情況，也不必去承擔責任、或是去感受某種情況下實際產生的感覺。不管在什麼情境下，他的憤怒都是逃避痛苦的機會。就像我選擇焦慮做為擺脫和逃避責任的方法，而他選擇憤怒，想要藉此解脫、並沉浸在那種安全（卻又可悲）的感覺中。憤怒就像是他的毒品；焦慮是我的。

人們也會被這些感覺過度刺激，從而形成一種習慣，將失去理智做為一種防禦機制，或者他們可能會走向完全相反的方向，並不會情緒失控，而是充滿活力、試圖控制他人，使情況轉變成對自己有利，緩解個人的焦慮或沮喪。這是「移情作用」的陰暗面；雖然他們都會「對別人的情緒感同深受」、富有同情心地想提供幫助，但有時候他們只是想透過解決他人的問題，使自我感覺更好，而不是提供適當的幫助，這一切都會對人際關係造成極大的傷害。

思考應對機制

當生活開始感覺太沉重的時候，你會和哪一種「友敵情緒」打交道？當你感覺被某種情況過度刺激時，你通常會沉迷於哪一種情緒？是憤怒嗎？優柔寡斷？羞愧？責備？還是焦慮？

回想起來，我明白了這些痛苦的感覺比任何事都更像是一個訊息傳遞者。陷入這些情緒並沒有關係。事實上，這些感覺是沒得商量的，**不管你願不願意，它們都會出現，至於你要怎麼處理，則在你的掌控之中**。你不必讓這些情緒劫持你平靜的心靈，相反的，你可以選擇將之視為強大的訊息傳遞者，或許讓你看清問題所在，向你指出生活中需要解決的事。我的焦慮只是一個真相指標，表明我已經偏離了方向，逃避了我需要處理的事情。回想起來，我的焦慮讓我知道，什麼時候該結束失敗的愛情關係、什麼時候該辭掉我討厭的工作。我心想，**從那個角度看來，焦慮是友善的**。

當你面對這些複雜的感覺時，把它們看作是平靜心靈即將被劫持的警報，同時明白自己在那一刻有機會選擇因應之道，這就是成長。當宇宙的自然引力想讓你保持舊自我時，成長就是自己選擇想成為的那種人。不過，話說回來，有時你並不會注意到自己何時變得心緒不穩。解決這個問題的方法就是，當你發現自己感覺不協調時，開始注意自己的行為反應。就我的情況來說，我通常說話速度會加快，幾乎就像我一直在轉圈子，直到覺得需要喘一口氣。當你感覺不太對勁的時候，會出現什麼反應？明白這一點之後，你就可以做出改變，讓自己恢復理智。

回顧過去，我一生中有許多我下定決心擺脫焦慮、擁抱真相的時刻：

告訴媽媽我的性騷擾經歷的那一天。

在和我交往了五年的高中男友分手的那一天。

和那一位總是貶低我的「好朋友」絕交的那一天。

我發現真相是痛苦的，但更多時候，真相中並不存在焦慮。通常，**真相只是一種痛苦的禮物，包裝在平靜、原始的誠實中**。在某種程度上，真相本身並沒有帶著焦慮不安（而是逃避真相才會有這種感覺），只是覺得難過、不便等等。其他的一切情緒——憤怒、沮喪、悲傷——只是我們多年來所採取的一種應對方式。

找出每天讓你感到快樂的事

我按照約定，在接下來的七天裡，每天都寫下一則「快樂日誌」。

第一天：諷刺的是，我的快樂日誌是幫助我的一位情報分析員撰寫履歷。我很驚訝自己有多喜歡幫助她找一份新工作，她也很驚訝我的履歷撰寫技巧。她離職不是因為討厭這份工作，而是因為想換個環境。由於她是我表現最好的分析師之一，我很欣賞她的專業，我總是告訴她，有一天，如果她想換工作，我會支持她的。

第二天：我星期二的快樂日誌記載最精彩的一件事是，我的朋友打電話來問我意見，看她是否該和男朋友分手。我接著談論她一直在逃避事實，這就是她感到焦慮的原因，這點引起她的共鳴。我心想，我們是半斤八兩啊。

第三天、第四天和第五天：我在星期三、星期四和星期五的快樂日誌中，記錄一天中最快樂的時刻是編輯一份情報報告，總覺得自己擅長文字表達。

第六天：星期六，讀了一本關於個人發展的書籍，是由艾克哈特．托勒所寫的《一個新世界：喚醒內在的力量》（*A New Earth*），至今仍然是我的最愛之一。

第七天：星期天最快樂的事就是和朋友們一起喝咖啡，討論如何獲得更多的工作面試機會，這是我所擅長的。

命中注定的存在

第二天，我把車停在艾麗莎那棟大樓的街上，注意到當時正是尖峰時段。有個女孩子走在我前面的人行道上，眼睛盯著手機，離馬路邊很近，車子不停變換車道、接連飛馳而過。由於她的步伐好像越來越不專心，我開始更加靠近她。當我走近時，她絆了一下，差點掉進呼嘯而過的車流當中。我立刻伸手抓住她的背包，把她從路邊拉了回來，我們兩人都重重地摔倒在人行道上。

她在混亂中尖叫，好像想要大喊「走路要看路啊」，但她很快發現，我剛才救了她一命。她看著我，震驚地說：「天啊，謝謝妳」。

「不客氣」，我接著說，「請小心一點啊」。

我們互相攙扶站起來後，我轉身走開，在車流聲中隱約聽到她的聲音，問我叫什麼名字。我大聲回道「艾希莉」，她對我說我可能救了她的性命。

我轉過身來，盯著她的眼睛看了一會兒。這是一個奇妙的時刻，我開口說出完全出乎自己意料的話：「妳逃過了一劫，一定是命中注定要做什麼大事」。

我猜我現在明白我為什麼提前五分鐘赴約了，我心想，人生總是以一種完美的方式發展，即使當下並不自覺。

當我走進艾麗莎的辦公室時，心裡納悶著，我怎麼了？我放下包包，坐在她的沙發上，把快樂日誌遞給她。我很好奇她對我的日誌會有什麼看法。到了現在，我開始覺得她像一位超人，有一股我從未經歷過的女性氣質和真實的力量。她打開日誌，默默地看著第一頁，在那兒坐了整整兩分鐘，終於抬起頭來看著我。

「妳似乎很喜歡幫別人找工作」，她告訴我，帶著一點好奇的語氣。

我笑了，因為這是真的。我確實很喜歡幫助別人得到工作機會，甚至為他們找到最適合的職業道路……這方面我很拿手。艾麗莎對我笑了笑，問我是否想過當個職涯顧問。

「什麼是職涯顧問？像曲棍球教練嗎？」我笑著說道，「像是坐在別人的事業場邊，為他們加油打氣嗎？」

「不」，她輕聲說，「妳只需向他們展示如何套用妳成功的方式，以獲得工作機會」。

我思考了一下她說的話，然後提出了我對這個想法的評估。「職涯顧問這個詞聽起來像是破產和失業的代名詞」。

她露出一抹親切的傻笑，好像為我命中注定的未來準備了什麼大計畫似的，回應說道，「我們拭目以待吧」。

事業不是人生唯一的意義

在我們諮商快結束的時候，我告訴她在此之前所發生的事，關於街上的那個女人。她聚精會神地聽著，只問了我一個問題：

「如果妳在這世上存在的唯一理由，就是為了今天能夠拯救那個女孩免於車禍意外呢？妳覺得這足以構成妳的人生意義嗎？知道因為妳的存在，另一個人得以存活，這樣足夠嗎？」

「也許吧？」我說，語氣聽起來像是在問問題。

她帶著安慰的微笑回答我，告訴我她發現一件很有趣的事，我在自己的生活中發掘了很多意義，都與職業無關。

我接受了浮現在我腦海中的一個想法：我猜我很重要……不管我的職業成功與否。當艾麗莎說：「**價值是妳與生俱來的權利，妳天生就有價值，不必努力去爭取**」，我只是微笑地看著她。

當我走回車上時，我想到了萬物一體的原則。無論任何環境或事物表象，我們都是因果相連的。我記得在某個地方讀過關於「蝴蝶效應」（butterfly effect）的概念：蝴蝶在北極附近拍打翅膀，最後引起連鎖反應造成南美洲颶風。這個觀點屬於混沌理論，亦即一開始微小的改變最終會導致劇烈的、不可預測的變化❶。我想到了我那天正好在同一條路上，正好適時地站在那個女孩身後，才正好幫助了她脫離險境。我又想到，如果她被車子撞上，她的家人可能得參加她的葬禮了，我突然產生一股無法理解的信任感，相信一切正是命中注定的……每分每秒。

那一天晚上，我在沙發上愜意地喝著剛倒好的生椰拿鐵，在Google上搜尋「職涯顧問」這個職位。起初，我看到一些紫色的網站，上面有彩虹和瀑布的圖片，甚至還看到一個脫衣舞孃變人生教練的網站。我覺得夠了，闔上筆電，坐了幾分鐘，啜飲著熱騰騰的拿鐵。

後來我的好奇心開始高漲，我重新打開我的蘋果電腦，繼續搜尋。我發現了一些網站，上面有一些更精練的職涯顧問，他們看起來很有趣。我記得第一次和我的職業顧問見面時，我心想，噢，我的人生中正好需要一位像這樣的人。我記得走進她辦公室時，她看著我，我問她：妳對於我如何選擇專業，有什麼建議嗎？

熱情不代表成功

她給了我你能想到的每一句無聊的陳腔濫調：「做自己熱愛之事，財富就會隨之而來」。我翻了白眼，心想我可以自己找一本書自修就行了……老實說，這次談話對我一點幫助都沒有。

我看著她問道：「如果我不知道我熱愛什麼事呢？如果我不知道外面有什麼職業呢？如果完全沒有職業適合我怎麼辦？」

我走出去，心裡納悶著，喜愛某件事或是對某件事充滿熱情，是否能保證你一定會在這方面取得成功呢？我的直覺認為不會，熱情並不代表必然成功。

我發現自己沉浸在這段記憶中，隨後又開始用 Google 縮小搜尋範圍，在電腦上輸入：

「千禧世代女性職涯顧問」

「如何獲得工作機會」

「如何找出人生目的」

「如何找到最適合自己的職業」

我立刻注意到針對職涯顧問的相關搜尋中，出現的結果並不多。我一再地用 Google 查詢，一直到我覺得自己好像陷入了網路黑洞似的。沒有職涯顧問可以幫助像我這樣的年輕女性。我意識到這個可能性，也許艾麗莎是對的，也許我找到了我的市場利基點。

在一個什麼都有答案的世界裡，我終於領悟到自己真正想要的一切答案都在心中。我往內探索，終於聽到我腦海中那個明智的聲音，注意到每天帶給我快樂的事情，最終引導到我的人生轉向。

對於洛琳奶奶所說的美妙的未知，我這輩子第一次感到興奮不已。

人生轉向 5

接受自己的障礙

你的職業生涯是一個遊樂場，本章旨在提醒你，雖然它是你表達自我的媒介，卻不是決定你有無價值的先決條件。**就算沒有成功的事業，你都是有價值的，你的人生也是有意義的。**歸根究底，職業只是任由你操弄的媒介，如果你願意的話，也是讓你的人生增添更多自我表達和目標的方法。

本章也幫助了解哪些情緒經歷造成創傷，影響了你的生活以及職業生涯。不用說，我從來都沒想過性騷擾經歷會激起我的焦慮感，從此被帶入我的工作當中——直到我完全釋懷。我們都有造成創傷的痛苦回憶，每個人的創傷表達也有所不同。

在我被性騷擾的那一刻，我的大腦凍結，同時進入了「我該怎麼辦？」的模式，而同樣的反應（和焦慮）從此跟隨著我，出現在生活中的任何事情，每當我不知道該怎麼辦、或受到過度刺激時，我就會僵在那裡、感到恐慌、或封閉自我。意識到我有這些反應之後，我會朝反方向運作，開始急速失控，像是說話速度飛快，或是想要透過快速處理或解決某些事來獲得控制感。這兩種反應——頓時僵住或急速失控——非常常見。對於一些人來說，痛苦的回憶產生了生活中常見的憤怒經歷；對於其他人來說，則是焦慮、不安全感、無力感、傷心或悲哀。有一件事是真的：這些經歷交織在你的生命當中，直到你理解根源並下定決心癒合。這正是本章節中想要完成的目標。

負面情緒造成的影響

很長一段時間，我會透過消極否定和對失敗的恐懼來激勵自己，我必須戰勝頓時僵住或急速失控的自動反應。我照著鏡子時聽到一股聲音說「妳很胖」，這會激勵我去健身房運動，我在寫履歷時聽到聲音說「妳的學校不怎麼樣，」這會激勵我更加努力建立人脈或找工作。我們的負面缺憾也有正面的好處。

我的焦慮感也是一個動機。我在照著鏡子時，腦海裡出現壞女孩批評我很胖的聲音，是促使我去運動的動機；在寫履歷時，腦海中那股焦慮的聲音激發了我更努力去建立人脈。但最終，我們的恐懼、焦慮、頓時僵住或急速失控著實令人感到疲憊，我們都想知道是否還有其他的因應方式。事實是，你可以藉由恐懼實現遠大的夢想，只不過這個過程更加辛苦。

是什麼阻礙了我們？負面的想法、複雜的回憶、創傷、個人的痛苦、以及我們對痛苦的理解，這一切都對我們造成某些衝擊，你受到哪一個影響呢？根據研究，超過五〇％的美國公民都曾在一生中某一時刻經歷重大創傷；事實上，我讀過一些研究表示這個數字高達八〇％。重大的創傷確實會改變大腦的化學反應及其發展，難怪有這麼多人經歷了壓力、焦慮和抑鬱[2]。雖然創傷可能是發生在一瞬間，但你所經歷的一連串痛苦和接受的信念，會在你的神經系統和思維留下創傷的印記。這才是真正的傷害所在。

事實上，如果你看看江本勝博士（Dr. Masaru Emoto）對於水分子組成的研究，你會發現這些思想模式不僅發生在情感層面，也發生在物理、分子層面上。江本勝博士透過進行對照實驗，檢視人的意念對水分子組成所造成的影響：一組受試者看著水時，帶著正向意念，而另一組受試者看著水時，帶著負面的意念。根據受試者的思想模式檢查水的差異之後，江本勝博士發現負面思想實際上影響了水中氫氣和氧氣之間的分子鍵[3]。因為人體有七〇%的水份，我們必須明白，**你的每一個意念會創造出某種形式，要讓它怎麼影響你的人生，完全掌控在自己的手中。**

創傷也會出現在我們的身體表達中，通常是隱隱約約，令人難以察覺的。對我來說，在艾麗莎的辦公室時，我的反應似乎是引起睡意。她曾評論我剛進來時是多麼精力充沛，而當我們一開始談論我的工作或生活中不同的經歷時，特別是某些攸關創傷之事，我會變得眼神呆滯，開始打呵欠，變得非常想睡覺。這種生理反應、慢性疲勞，對於經歷過創傷的人來說，是非常普遍的，而在處理童年或性創傷的人當中，更是高出六倍[4]。不幸的是，這些影響不止於此；記憶是會造成負面影響的，無論你是執著耽溺於某一事件，還是刻意不去回想，將之埋在內心深處[5]，這兩條路都很不好過，但代表了你的身體在努力保護自我。

你的人生可以建立在兩種方式上：流沙或岩石。流沙看起來像是鐘擺，你不是快樂就是悲傷，不是贏就是輸。岩石看起來則是無論外在世界發生什麼事，內心都帶著堅定的喜悅和感激之情。這種生活需要大量自我意識的療癒，你將在下面的練習中做到這一點。你大部分的反應都根植於過去的記憶。事實上，通常你感到消極的時候，是因為你的大腦已經想出一個與你所處情境相關的故事，如果你融入那個記憶中，你會發現那個故事不知何故讓你聯想到過去。當你感到消極、或恐慌不安時，不妨花點時間，在你的記憶中短暫搜尋與過去感覺相似的時刻。你發現的記憶代表了你如今所面對的錯誤信念根源。如果你能克服它，你就會變得更自由。

實際應用

一、面對具有挑戰性的情況時，你通常會有什麼情緒反應？是悲傷嗎？害怕？恐慌？內疚？羞恥？憤怒？焦慮？猶豫不決？情緒失控？列出你所選的情緒反應。這種情緒或許可以追溯到你過去的生活和記憶，通常也會對你的事業、自信心和人際關係造成阻礙。

二、仔細想想你記憶中第一次感受到這種情緒是什麼時候。

三、仔細回想當下的情境。你穿什麼衣服？幾點鐘？還有誰在那裡？什麼事讓你感到不安？

四、從精神層面上深入了解所發生的一切。

(1)你當下對自己有什麼想法？
(2)你對其他人（一人或是多人）有什麼批判或想法？
(3)在你記憶中的那一刻，你對整個世界有什麼批判？
(4)當時的情況對你的人生構成什麼意義？

五、如果那個情緒代表一種顏色，你認為會是什麼顏色？如果它有濃稠度，會是什麼樣子的呢？濃厚的、糾結的、空虛的？如果你必須給它取個名字，會是什麼呢？

六、在此填入幾個答案：「我是個＿＿＿＿＿＿＿＿的人」例句：我是個人見人愛的人、有不錯的時尚感、熱愛饒舌音樂，或我是個礙事的人。

(1)問問自己：這種身分特質從何而來？對你有好處嗎？還是對你的工作或生活實際上造成不協調的負面影響？

結語

沒有什麼比你內心渴望身分認同的力量更為強大。身分構成一種安全感，界定了我們是誰，也給我們一個做決定的框架。話說回來，你可以選擇超越你的身分，或是受到它高度限制。我們的創傷和經歷影響著對自己的身分認同、以及在這個世上的運作方式。然而，**當我們治癒創傷**

時，身分認同會發生很大的轉變。失去舊有的自我可能會產生一種自然的悲傷，讓人感到困惑，但要知道，只有在你決定做更偉大之事時，才可能面對這種悲傷。

儘管如此，有時處理創傷或痛苦所需要的，遠超乎本書所提供的練習、或是和親愛朋友的對話。如果你目前正在掙扎，要知道外界有足夠的資源可以幫助你，而下定決心尋求專業治療師或精神科醫師的協助，是非常勇敢的。正如知名演員金凱瑞（Jim Carrey）曾經說過的，「**我認為如果大家都按照自己的真實感受行事，餐桌上會有一半的人都在哭泣**」。我一直相信每個人都需要一位心理治療師，你的痛苦是人類經驗的一部分，你值得擁有療癒之後更美好的人生。我喜歡的資源包括：PsychologyToday.com「尋找心理治療師」的功能，或是提供更實惠的虛擬治療的這些網站，例如 BetterHelp.com 或 TalkSpace.com。

要知道，找到合適的幫助可能需要時間，這只是你自我轉變的一個投資。如果找到的第一個人並不適合你，也不要放棄，你值得在其他地方尋求協助，幫助你提升自我。

第6章
興趣點燃熱情

二〇〇九年九月九日

當飛機降落到倫敦時，我瞇著眼睛看著城市的燈光。就在幾個星期前，我才剛從大學畢業，但經過一個暑假在華府修了一門政治學課程之後，卻感覺像是已經畢業了好久好久。我走出希斯洛機場（Heathrow Airport）的停機坪，在迷霧中走向海關。我覺得很緊張，不知道自己第一天的研究生生活會是什麼樣，我只有幾天的時間用來適應環境、在開學前去見我的實習老師。

當我離開羅素廣場地鐵站時，覺得這個地區看起來很熟悉。我仔細回想，突然想到這個廣場正是幾個月前我在Google上搜尋「二〇〇五年倫敦爆炸案」時，在維基百科上看到的一張照片。當時在寫大學最後一篇研究論文，那篇論文是我頭一次注意到自己內心的一股聲音，或許是我的直覺吧，懷疑自己是不是適合在政府部門工作。外交事務只是我的許多核心興趣之一，我最終了解到，核心興趣和熱情之間有很大的差異。事實上，很類似於興奮和熱情的區別。這麼說吧：興奮感通常會耗盡，而熱情卻不會。核心興趣是多樣化的；熱情存在於你的內心深處。

我的思緒被一個年輕人的聲音打斷了。「我能為妳拿行李嗎？」他提著倫敦大學國王學院（King Cellege London）的包包，充滿熱情地問道。我好奇地看著他，他接著說：「我叫巴里・葛里芬（Barry Griffin）。我猜妳也是要搬進國王學院宿舍的吧？」他伸手抓住我超大的旅行袋，我注意到他身上有一種我很少見的政治涵養。在他完美的微笑和半拉鍊毛衣的背後，看起來像是天生的領導者，不知怎麼的，很自然地讓我想起了華府。

「艾希莉」，我說，同時伸出我的手，很開心認識了我在城裡的第一個朋友，「你也是新來的研究生嗎？」

「是的。我要進入國際法的領域；在那之後，我計畫回到巴哈馬（Bahamas），最終競選政治公職」，他說起自己的夢想，好像在陳述一個既定事實，一個已經啟動的計畫，這點徹底激勵了我。我注意到他的 iPod 播放著 Jay-Z，我心想，真酷，我們喜歡同樣的音樂⋯⋯。我當時也沒有預料到，在接下來的幾個月裡，巴里將成為我最好的朋友，就像家人一樣。幾年後，他也兌現了諾言，成為巴哈馬的政治領袖。回想起來，他是那種真正為自己創造世界的人，而其中主要原因與他對夢想的態度有關。他從不把個人夢想當作幻想來談論；他把這些事情說得好像必然發生一樣，一路上都設定了微型目標和時間表。你怎麼談論自己的夢想呢？你的夢想對你而言是否只像是一個願望，遙不可及，還是像既定的計畫呢？

我很慶幸我的實習還有幾個星期才會開始，讓我有時間搬進宿舍、慢慢適應新的課程。在上課的第三天，我意識到自己永遠無法適應倫敦的生活，我對那一天記憶猶新。那是一個秋高氣爽的早晨，我把自己層層包裹在衣服裡，準備好應付一整天的講座。演講廳沒有暖氣，我坐在椅子上直打哆嗦，好像被困在雪屋裡似的。今天的主題是美國對以色列的外交政策，所以我知道室內氣氛會很緊張。事實上，演講廳裡有很多來自各地的國際學生，頓時覺得我彷彿站在一道鼓舞人心的文化彩虹、和一場巨大的文化衝突之間。

我坐在我的同學亞辛（Yasin）旁邊，一個看似滿不在乎的傢伙，我在上一節課見過他，問他這個星期過得怎麼樣。由於他剛從伊拉克（Iraq）搬到這裡，他談到了倫敦的生活有多麼不同。我對他在伊拉克的生活非常好奇，提出了很多問題，當他問我來自哪裡時，我突然發現自己竟然有點緊張。在這個講堂裡，充滿來自世界各地、熱衷於外交事務的學生，人們對美國向巴格達派遣這麼多軍隊的決定有很多看法。我很自豪來自於美國，但我不想因我的國籍而受人批判。

「我來自……洛杉磯」，我以一種冷淡、中立的語氣說道。

「美國人」，他用憤怒的聲音回嘴說道，「真有意思」。

直覺vs.恐懼

當我在維基百科上看到倫敦爆炸案廣場的照片時，我的直覺也隨之而起，告訴我說，艾希莉，這條職業道路不適合妳，妳太敏感了。我現在知道有兩種力量經常影響著我們的人生選擇：直覺和恐懼。恐懼是情緒化的，通常帶著由恐慌或過去經歷的創傷而形成的信念。相反的，直覺是不帶情緒的；是絕對有益的反饋，引導我們的生活經歷和挑戰。直覺的聲音聽起來清晰而中立，比如：這對你有好處；那對你沒好處，這股聲音是你靈魂的指南針。

多年來，我會刻意忽視這些聲音，而讓我的恐懼主導我的選擇。我內心的恐懼不斷處於求生存和恐慌的狀態，我一直拒絕承認。因此，我無法看清我的人生真相和目前的現狀。

你的直覺通常是明確的，是根據你自己的身體及第二大腦（勇氣）的緊密反應。不用說，我當時並不願意接受這一切。

講座開始時，當佛羅斯特教授開始談論美國對以色列的外交政策時，我感到亞辛在椅子上坐立難安。

「那以色列呢？」站在攸關極端主義的講座當中，一個女孩問道，「他們的策略是什麼？」我聽到亞辛在我旁邊低聲低語：「管它去死，我們應該把以色列炸掉，讓這地方就此消失在世界上」。

我在座位上發抖，轉頭看著他，心裡感到一陣刺痛。我最重視的核心價值觀是人與人的連結，我怎麼能忽視了這種敏感性，最終選擇了一個如此……斷開連結的職業呢？如你所知，當你的職業選擇違背了自己的核心價值觀時，著實令人心碎。你目前的職業有沒有違背自己的核心價值觀呢？

下課的時候，天啊，我真的需要喝一杯，我匆匆離開座位，和幾個同學一起去了酒吧。我注意到他們一直在聊政治。我的朋友麥克琳娜（Mcclina）繼續談論美國在中東的外交政策目標，問我們每一個人有什麼想法。

喬插嘴說：「你們怎麼看歐巴馬向阿富汗增派八千軍隊的事？你們認為他真的會遵守承諾，在二〇一一年七月撤軍嗎？聽起來像是一場血腥屠殺……」。

我忍不住翻了個大白眼。我非常關心世界大事，但是上了一整天的課之後，我需要休息一下。我看著我的朋友們說，「我們能談點別的話題嗎？」

「還有什麼好談的呢？」他們都問我，好像我從他們身上拿走了毒品似的。

「該死的，我不知道」，我說，「什麼都可以啊……生活、時尚、愛情、天氣，或是麥可．傑克森（Michael Jackson）去世的事啊」。他們看著我，好像我妨礙了他們。

了解「興趣」與「熱情」的區別

我忽略了興趣與熱情兩者之間的重要區別，這是我在職業生涯後期才體悟到的。仔細想想：我對國際事務感興趣，但我也對其他無數的事都感興趣，如時尚、旅遊、電影等等。那麼，「興趣」和「熱情」有什麼區別呢？**「興趣」存在於你的許多理性好奇之中，而「熱情」則存在於你的內心。「熱情」是一種放大的、更深層次的興趣，代表了你真實自我的一部分。**雖然熱情會讓你神采奕奕、或是構成精彩的對話，但這還不足以讓你度過一天的工作。此外，關於建立一個成功的職業生涯，除了熱情之外，還有更多的要素。研究顯示，職場中的年輕專業人士認為，工作保障和社群是擁有令人滿意事業的首要考量❶。

你的職業願望清單上有什麼？記住，你的核心興趣和熱情對個人職業生涯是沒有用的，除非受到你天生的能力或核心技能的支持。如果你不小心，熱情會產生一種執念，會侷限你的注意力，使你失掉許多機會。正因如此，有些專家認為，熱情甚至會為你的職業生涯招來相反的結果❷。你真正的自我是根植於你天生的能力，這些能力對你來說輕而易舉，因此你總覺得對別人顯然也是。但其實不然，因為它們只有對你來說很容易。

那麼，我大學時期那一票「熱情」的朋友怎麼了？像許多「追隨熱情」的人一樣，他們完全失去焦點。有些人追隨自己眾多興趣當中的一個，而不是熱情。有些人則是沒有在工作領域中結合其熱情與核心技能或核心價值觀。你是不是也以熱情追求事業發展，卻忽略了自己的核心技能或核心價值觀呢？那正是一個轉向信號，讓你知道是該考慮人生轉向的時候了。

至於我的朋友們，他們心中有足夠的熱情投身於政府事業，抱著這種執著來到華府，在那裡加入我們這個時代充滿希望的變革者，在國務院、國防情報局（DIA）和美國紅十字會找到工作。大多數人看著這些人會認為：他們成功了，在自己熱愛的領域工作。但事實是，他們當中許多人都不快樂。那你呢？你是否熱愛自己的工作？還是覺得好像少了什麼呢？

熱情可能會指引你走向一個自己深受激勵、喜歡談論的行業，如果你最終在能激勵你的大樓裡工作，周遭人士談論的話題也吸引著你，那就太好了。

熱情很重要。但更重要的是要了解真實自我——你的核心技能、核心本質、以及核心價值觀，要找出你最自然的天賦才能，並發掘你一生磨練的技能。你的核心技能指出你應該如何在整個工作中發揮能量。

回顧你的核心技能

我多年來擔任職涯顧問，如今客戶已遍及三十個國家。我可以告訴你，我所見過最大的職涯災難是那些「追隨個人熱情」的客戶，卻沒有事先仔細思考真實的自我、以及最重要的核心技能為何。你的興趣和熱情是否符合自己的核心技能呢？

你所從事的行業也許代表了熱情或核心興趣，但你的核心技能與你的工作、日常任務和職責有關，這才是你真實自我的一部分。而你該如何消耗你的精力，承擔一天中的任務，是最重要的考量。選擇你熱愛的行業，而不先考慮真實自我本質和核心技能，就好像是在你最喜歡的五星級飯店當門房一樣。**如果在自己喜歡的地方待一整天，卻沒有做自己真心喜歡做的事，那又有什麼意義呢？**

這就是本書的目的，幫助你探索你的熱情，但更重要的是，首先要支持你做出最重要的人生轉向：弄清楚你自己到底是誰，以及你是從何時開始違背了最真實的自我，亦即忽視你的核心技能。我去倫敦攻讀國際關係碩士學位時，我選擇把一種興趣當作熱情，卻沒有仔細深思。我有太多客戶都在做同樣的事，因而陷入人生困境。

各行各業就像大餅一樣

做為一個職涯顧問，我現在將職場中的各行各業，都看成是一個大餅，每一個行業都有許多不同的切塊。例如，政府、時尚或金融等行業各代表一個大餅，也都各自包含不同的部分或核心技能，因此，了解自己的那一塊大餅是很重要的。

這就是問題的癥結所在。很多時候，那些在工作中痛苦不堪的人都誤以為自己入錯行了，因而決定拋下整個工作大餅，轉而投入一個新的行業。通常在這些情況下，他們實際上只是偏離了一點點。事情一不對勁時，別想著該死，我不適合在政府部門（或任何你身處的行業），真正的問題往往在於，你在大餅中沒有吃到真正運用到你核心技能的那一塊。如果問題不在這裡，也許只是因為你的工作違背了自己珍視的前五大核心價值觀，或者根本缺乏最關鍵的那一個。這兩點都表明，你不應該看著一個行業心想，好吧，我受夠了，而是問問自己：我該如何試試這個行業另一塊更符合我的核心技能或核心價值觀的大餅呢？做為一個喜歡用吃來舒壓的人，我知道我們絕不能未經質疑就丟掉整個大餅，對吧？

那麼，當一個人快要撞牆時該怎麼做呢？大迴轉。轉向真實的自我，正視自己整個人生旅程中一直在迴避的轉向信號。換句話說，下決心讓人生轉向。我當時怎麼做呢？我選擇了繼續走這一條職業道路，忽視我內心不斷出現的直覺聲音。我的身體反應告訴我答案，大腦卻還沒有準備好要接受。此刻做出改變實在不容易，我當時與自己的心靈完全脫節，甚至不明白哪些興趣才是我真正的熱情所在。我上了幾年大學、學了外語，經過一切努力之後，現在要改變人生方向，這點令我難以接受

不要沉溺於希望之中

我就像大多數人一樣，抱持一種信念，認為自己也許錯了。我懷抱著一線希望，希望事情會有所改變，希望我能變成不同的人。永遠不要走上一條違反你自然本質的職業道路。這是樂觀偽裝的終極陷阱。

在你的職業哪些地方違反你的本性呢？我用樂觀、決心和沉溺希望來壓抑我的直覺、忽視終極的轉向信號，但我一部分的直覺卻在說，這是不對的。你在事業中哪些地方用希望做為壓制直覺的工具呢？我在倫敦攻讀研究所的那一年飛逝而過，我很興奮要回到洛杉磯去找工作。我心想，也許是我不喜歡學校，也許是學生，也許是倫敦寒冷多雨的日子讓我覺得不完整。為了逃避事實，歸咎於其他事情是很方便的，對吧？你在哪些地方逃避事實呢？

人生轉向 6

務必評估核心興趣

當你在職業生涯中忽視了關鍵的轉向信號——你的核心興趣、直覺和熱情——你最終會不自覺地把注意力放在你的眾多興趣之一，踏上一條你其實並不想走的職涯路，這是無法持久的。隨著工作時間一久，你最終會發現自己對投入的主題沒有那麼感興趣。好消息是，你通常只需要換吃整個行業大餅的另一塊，也就是說，你需要在同一個行業甚至同一家公司運用不同的核心技能。這代表著你可能需要找回你自己、你的快樂和你真正的熱情所在。

我們怎麼會與真實自我如此疏離呢？嗯，我們生來就有這麼多的愛、靈感和好奇心，正是如此來到這個世界的。事實上，想想上一次你看著孩子們玩耍，他們完全沉浸在好奇心和喜悅當中，如此隨心所欲，然而，在一路成長的過程中，我們學會了恐懼。一開始是父母告誡我們過馬路時要左右觀望，生怕被車子撞到；告訴我們不要碰熱爐子，生怕被燙傷。後來父母又明智地告訴我們不要相信陌生人，生怕受到傷害。父母的出發點都是好的，我相信你的父母是愛你的，知道什麼是對你最好的。

但是突然間我們醒來，發現自己心中有一堵牆，必然是隨著時間發展慢慢建立起來的。好處是？當你逃避了追求人生心之所向可能受到的傷害時，你會讓自己少受批評。壞處是？你永遠走不出自己的心牆、被困在自己的侷限中、與你內心的智慧之聲掙扎對抗。你的恐懼感變得如此強大，如此狡滑，以至於你失去了自己傾聽思考的能力、聽從自己的直覺、尊重自己、真正表達自我和熱情……品嘗屬於自己獨一無二的人生滋味。

變得更快樂的珍娜

在我多年的就業訓練生涯中，我有很多客戶都在政府部門工作。有一位名叫珍娜的女孩，我永遠不會忘記。她是一名關注北非的情報分析師。她很不快樂，但當我們檢視她的技能時，成為一名分析師對她來說顯然是非常適合的職務。究竟出了什麼問題呢？結果發現，她只是在政府行業的大餅中，吃到了不適合的那一塊，意思就是，大多數時候，她所執行的工作要求她運用錯誤的核心技能，但在她的案例中，也就是關注了錯誤的國家。當我們弄清楚，她可能更適合分析歐洲某個國家，而不是北非時，她頓時開朗起來。

她現在比以往任何時候都更加快樂，這一切都歸功於她被調去擔任歐盟某個國家的情報分析師。正如尼采（Friedrich Nietzsche）曾經說過的，「**上帝存在於細節中**」——果然沒錯。通常，我們與職業的契合度只差幾毫米。坦然面對這樣一個事實：雖然你對工作感覺完全不對勁，但很可能只是偏差了一點點。與其扔掉一整個行業大餅，不如捫心自問，你是不是只是啃錯了其中一塊，是不是在熱愛的行業中用錯了核心技能，還是因為在令人不愉快的經理手下工作。

實際應用

一、不假思索地列出十個以上興趣（例如時尚、政治、旅遊、寫作、電影、女權主義等）。

二、選出兩到三個你覺得可以整天閱讀或談論的興趣話題。

三、評估你的核心技能、核心本質和核心興趣之間的交集。有什麼樣的職務與之產生共鳴？適合哪些行業呢？

四、寫下你對目前職業生涯的一個問題或憂慮，寫下兩到三個你可以選擇的解決方案，或是你可以針對憂慮做出的決定。檢視你的「第二大腦」（個人直覺），看看你的身體對於每一個可能的解決方案有何反應。對於不同的答案，身體是感到舒暢還是不自在？你的身體對哪條路有正面反應？又對哪條路產生負面反應？

五、開始每天早上心靈寫作，持續七天！也就是說，每天早上在紙上寫下：你想讓我知道什麼事？順從你的靈魂自由地書寫，而不用理性思考。也就是說，聽從內心的直覺聲音，讓你知道自己哪些地方感覺很好、哪些地方感覺不太對勁、有什麼事令你感到振奮。如果你每天早上都隨心所欲寫下一些小事，或許會得到意外的驚奇。

結語

你對於個人職業發展可能犯的最大錯誤是，對一份不適合你的工作過於被動，以至於沒有問清自己一些問題：我是不是用錯了核心技能？真的整個行業都不適合我嗎？有哪些小小的調整讓我產生巨大的不同？

第三篇

重新規畫人生路線

我們忘記了自己的潛意識正在壓抑我們的意識行為。
有太多因素造成這一切，這並不是我們的錯，
但我們有責任做出改變。

——《人生轉向 Podcast 第八十四集：珍愛自己身體的五個步驟》
來賓：莎拉・安妮・斯圖爾特（Sarah Anne Stewart）

第7章 切莫低估任何談話對象

二〇〇九年五月十六日

我知道這很難想像，但**最好的工作往往並不一定屬於真正優秀的候選人，反而是屬於最有本事的求職者**，而這些人可能對自己夢想的工作並沒有太多「相關經驗」，但他們絕對是擅於溝通的人，也從不低估自己的談話對象。

就在我搬去倫敦的前幾個星期，我在華府的K街漫步，以我不起眼的文科學士學位，和我身邊一大堆很可能有著光鮮亮麗的哈佛學位、史丹佛大學證書和牛津學歷的人做比較。我不知道我是覺得害怕、還是樂於接受脫穎而出的挑戰。畢竟，事業成功的人並不見得是靠自己的學經歷，雖然那一紙文憑似乎決定一個人在職場中的價值。我想到了那些具影響力的領導人物，約翰·麥基（John Mackey，Whole Foods 的執行長）、艾倫·狄珍妮（Ellen DeGeneres，名脫口秀主持人）、安娜・溫圖（Anna Wintour，《*Vogue*》的總編輯），他們雖然沒有大學文憑，但還是表現非凡。我心想，**如果我沒有最優秀的大學學位或成績，我最好學會如何與每個人交朋友**。所以，我該怎麼做呢？

申請人追蹤系統的黑暗面

你猜怎麼著？即使是頂尖學校的畢業生也需要加入我們普通人的行列，進入最可怕的演算法軟體，即所謂的申請人追蹤系統（Applicant Tracking Systems，ATS）。這些系統將針對任何職位數千名的求職者進行篩選，據說，多達九〇%的《財星》（*Fortune*）全美五百大企業都會使用某一種履歷篩選軟體[1]。對於一個收到成百上千份應徵履歷的職位，ATS軟體對人力資源主管來說是個非常寶貴的工具。從網上收到個人履歷的那一瞬間，人力資源部的電腦就會開始運用語法分析程式，除履歷表上所有花俏的格式，並將其文字分解成可識別的字串，進而分析關鍵字和詞語。然後，ATS會針對履歷評分，再把「最優秀」的履歷回傳給人力資源總監。也就是說，絕大多數時候，當你在網上申請工作時，你的履歷可能完全沒人看過就被拒絕了。而且說真的，整個流程都比你讀這句話的速度更快。

超過八〇%的工作機會並不會公告在網路上[2]。為什麼呢？辦公室出現職缺時，招聘是一件痛苦的事。事實上，找到真正優秀的人才並不容易，而那些能注意到優秀候選人的人，本身就很有本事，能一眼看出千里馬的技能和才華。這就是為什麼招聘者會要求親朋好友推薦，甚至慷慨地獎勵同事推薦適合懸缺職位的人選。這一切往往發生在招聘者考慮將工作機會公告上網之前，以避開這項繁瑣的行政流程。正因如此，如果你現在在網上申請工作，便是陷於就業市場最底層二〇%的機會，而你值得擁有更多的選擇，不該受限於此。給自己選擇權，為自己創造更多的機會，就是珍愛自己的表現。你是不是被困在無止境的工作申請當中，沒有收到任何回音呢？我了解你的心情。我搬到倫敦之前，在華府停留的那幾個星期裡，我學到了一件事，想要得到機會，首先要學會如何行銷自己，想辦法將對話契機變成工作面試。朋友們，這就是你此刻要學習的人生轉向。

人生是一場數字遊戲

如你所知，我並不打算被ＡＴＳ自動化軟體所打敗，我知道自己的反恐之路絕非傳統路線。我決定把人生當作一場數字遊戲，**深知如果你敲了足夠多的門，總會有一扇門為你打開。如果你沒有得到結果，原因很簡單：你敲的門並不夠多。**這一點適用於你的事業、愛情生活、和你與自己的關係。你現在有陷入困境的感覺嗎？你可以在哪裡為自己創造更多的選擇或可以開始去敲哪些門呢？

我的旅程始於二〇〇九那一年，在華府一個悶熱的下午。我剛搬進憲法大道上的新房子，花了一整個上午整頓行李，對未來之事感到焦慮。我即將畢業了，打算赴倫敦攻讀研究所。明天是我報名參加的政府職涯發展計畫（Government Pathways Program）的第一天，這會讓我取得學士學位所需的最後三個學分。這門課是由雷德蘭茲大學（University of Redlands）政治系開設的，為學生提供一個機會，親身體驗更多華府就業途徑的相關知識，這代表我們每天都會聽到全城不同政治領導人的講座。聽取這些外交官、政治說客、參議員、研究人員和外交政策官員的意見，將改變我的人生，但我在這個過程中所學到的技能，將為我開啟更多的大門，這是我在當下並沒有意識到的。

整頓行李時，我無意中聽到樓下一群同學在玩投杯球（beer pong）。我忍不住翻了白眼。我來這裡是想弄清楚我未來的人生和職涯規畫，其他人似乎都只是想著吃喝玩樂。我開始整理我的衣服抽屜時，心裡想著多浪費時間啊。為了隔絕噪音，我大聲打開饒舌歌手傑・魯（Ja Rule）的音樂，同時打開這個小房間唯一的窗戶。街道上熙熙攘攘，我四處觀看，路上的人們似乎都帶著一種明確的方向感，好像每個人都有一個重要的去處。

我把頭伸出小窗子外，朝憲法大道望去，我看到兩名參議員正在私下進行祕密談話，而工作人員則像一群小小兵似的匆匆跟在他們身後，努力跟上他們的步伐。緊跟在這些小小兵後面爭搶位置的是一群記者，追問對當天政治困境的見解和答案。我記得我當時心裡想著，我多麼希望像這些人一樣——成為重要的、舉足輕重的大人物。在你的職業生涯中你是否也曾有過這種感覺，私心渴望脫穎而出，成為重要人物？在我的大學生涯中，我第一次真正有歸屬感，感覺自己一定能夠成功。我永遠不會忘記當下和宇宙融為一體的感覺，沉浸在前所未有的恩典之中。

擁抱「拒絕」是通往自由之路

我臉上掛著心滿意足的微笑，離開窗邊，把傑・魯音樂的聲量調大，著裝完畢後，在房間裡跳舞。我戴上奧黛麗赫本（Audrey Hepburn）風格的珍珠、整理書包。當一切準備就緒時，我其實覺得自己本身也已經準備好了，準備好邁出人生的下一步，在華府為自己創造機會。也許我在倫敦完成了一年的碩士學位之後，會有一份工作等著我。沒有回頭路了。這激發了我去研究網路上所有拓展人脈的社交活動，好讓我在華府的時候，每天晚上都很忙碌。一想到我每晚要走進一群陌生的人海中，我就焦慮不安，但我很好奇這是不是可以像「拒絕療法（rejection therapy）」一樣：被拒絕的次數太多，最終會讓我獲得自由，變得什麼都不在乎了。事實上，拒絕反應其實啟動了大腦中經歷身體疼痛的相同區域[3]，就好比服用止痛藥似的來降低大腦對拒絕的敏感性[4]。也像在健身房鍛煉肌肉時一開始感覺到的酸痛，如果我能用「被拒絕」來訓練自己，就不會再疼了。事實上，我開始把它當成一個為期三十天的實驗。我向自己保證只是想看看會有什麼結果。有時在生活中你必須為自己創造機會。我告訴自己，如果我不喜歡它對我的職業生涯帶來的結果，我會放棄人脈網，畢業後屈服於求職者追蹤系統地獄般的未來。我當時沒有意識到的是，整個拓展人脈完全符合我的核心本質，也就是我內心想要與人連結並藉此成長的人性面。

與流浪漢的相遇

我走出磚砌的紅房子，雖然我正要獨自一人去參加一個社交活動，但我覺得自己腳步輕盈，渾身充滿力量，衝勁十足，準備好接受一切挑戰。我打扮得很迷人，穿著一件寶藍色的連身裙，背著一個 Kate Spade 品牌公事包。經過一大段路走到了國會大廈南站，我微笑看著附近一個無牙流浪漢，他拿著一個杯子，上面寫著「飢餓的越南老兵……請幫幫我」。我伸進我的包包裡，拿出我上課時留下的蘋果和燕麥棒遞給他。他伸出手來，抬頭看著我，熱情地笑了，「小姑娘，妳今天看起來很像年輕的奧黛麗赫本哦！」

答對了！但真有那麼明顯嗎？我是不是太刻意了？我拋開瞬間的不安全感，回頭說道：「那正是我想要的特色，也許帶著些許蜜雪兒・歐巴馬（Michelle Obama）的風格吧？」

我笑著告訴他這是我第一次坐地鐵，所以他協助我買了我的第一張地鐵卡。

他抬起頭問：「妳要去哪裡？」

我感到一股暖意湧上心頭，納悶著為什麼這位和善、沒牙的男人會讓我覺得如此親切。我可以看出他的核心本質是善良、愉悅、樂於助人和擅於溝通。我也看得出來，他的核心價值觀是與人連結，也許還有服務或慷慨大方。我認為他的核心技能是語言表達，因為，哇，看他多容易與人連結啊！我對他感到一股莫名的愛和理解，我隨後突然意識到，不知什麼原因，他讓我想起了我的姐姐。

她是一位很有洞察力、了不起的作家，而且非常有趣。她也是一個長年的癮君子，最終因為吸毒而無家可歸。當我回首往事時，我姐姐是最令人傷心的事。多年來，我們給她提供住處、接送她進出勒戒所、清償她的帳單、也懇求她找工作。事實上，我們求她回歸社會。她是個不按牌理出牌的人、抑鬱症和幽默感的奇妙組合，就像這個傢伙。最終，她好像開始很享受無家可歸的生活，至少她看似如此，她曾自豪地告訴我，她是住在公園裡最有自信的人，她甚至自稱為「公園的舞會女王」。不管她的處境如何，她都會不斷地讚美我，就像捷運站裡這個傢伙。雖然我並不認為他喜歡無家可歸的生活，但我姐姐讓我意識到，他可能心中也有同樣的快樂。

我們說話時我的心一陣刺痛，想念起我的姐姐，想起了我們在外面過夜、和在她生命結束前的快樂夜晚。我想知道此刻她究竟人在哪裡，在和誰說話，我想知道她的感受，這些疑惑一波又一波地湧來，令我感到難過。我隨後變得更加悲傷，想念我在洛杉磯的家人，想到這門課程一旦結束，我就從雷德蘭茲大學畢業了，接著就要遠赴倫敦攻讀研究所。我很快地拋開這些感傷，回到我們的談話中。我沒有時間想家，我在執行一項任務，必須專注於此行的目的，所以我用迷人的微笑回答他：「在美國和平研究所有一個社交活動，我覺得我應該要去參加」。

他回應我的微笑，露出缺了牙的笑容，身子向後一靠說道：「哦，瞧瞧妳」，朝我微笑了好一會兒，才繼續說道：「妳去到那裡之後，找到我的兄弟班尼（Benny），他是前面排隊的計程車司機。他長得跟我很像，但總是戴一頂報童帽，很好認的。去找他吧，告訴他國會大廈南站的強尼（Johnny）叫妳來找他的。他是個好人」。

我謝過強尼，乘著自動手扶梯下去地鐵站月台。我忍不住笑了，我人在華府要去參加我第一個拓展人脈的社交活動，而我的第一個聯絡人竟然是計程車司機班尼？

踏上地鐵站月台，我觀察周圍的環境，這裡有來自各界的人士：高階主管、職員、家庭、服務員或門房。

列車進站時，我帶著紊亂的思緒走進車廂：想知道事情會怎麼發展，擔心我的電梯簡報（我對於「自我介紹」的回應）內容是否夠豐富。我注意到一個時髦的女人，頭髮上紮著麻花辮，站在車廂中央，聽著 i-Pod 裡的音樂。她五十多歲了，耳塞裡傳出的音樂節拍，我依稀能認出是黑眼豆豆（Black Eyed Peas）的流行歌曲。我心想，這個女人真有意思。我忍不住被她的自信所感動，她並不擔心車廂上每個人都注意到她正在人群中跳舞。說真的，她看起來好像一點也不在乎似的，這就是我所說的精神自由。一直到她抬起頭，狠狠地瞪了我一眼，好像在問：「該死的，妳到底在看什麼？」

地鐵車廂內的人脈

有那麼一瞬間，我就像被她遠光燈照射嚇到的一頭鹿似的。好像過了整整一分鐘之久，我才終於把目光移開。還好我這麼做了，否則我就會錯過坐在我對面的那個人——前中央情報局局長邁克爾．海登（Michael Hayden）。我立刻被他迷住了，看到他就坐在對面，還搭乘地鐵，和一個穿著制服的海軍陸戰隊軍官熱切交談著。我很驚訝自己這種暈眩的感覺，因為我在洛杉磯長大，也見過了不少名人，我從來就不是愛追星的那種人，我總是把名人當作是一般的普通人來看，他們只是碰巧得到了額外的關注，但這一次感覺有所不同。就在那一刻，我愛上了搭乘地鐵旅行，將之視為人類互動的終極平衡點——是種族、文化和心態的大融合。不管社會地位、收入或外表如何，我們都坐在同一列車上。

我盯著海登和那名海軍陸戰隊軍官，像個怪胎似的，海軍陸戰隊軍官開始對我回以微笑。當列車慢行到下一站時，我向他閃過一抹緊張的微笑，隨後才發現他和我要在同一站下車。

「妳要去哪裡？」他問道，帶著每個海軍陸戰隊軍官都有的粗啞嗓音。他身高約六英呎五英吋*，雖然聽起來有點老掉牙，但他是一個肩膀寬闊、挺拔的大塊頭，看起來像是直接從《搶救雷恩大兵》（*Saving Private Ryan*）電影中走出來的人物。抬頭一看，我很快回答：「去參加美國和平研究所的一個社交活動」。

我突然間沒頭沒腦地從嘴裡脫口說出這些話：「你應該來的」。他驚訝地低頭看著我，微笑著，伸出手說：「我叫科林（Collin）」。此時此刻，我不僅和一個穿著制服的英俊男子說話，還是在車廂裡和邁克爾・海登聊過天的人，我試著平息自己狂熱的粉絲情緒，我記得我心想，如果這傢伙和前中情局局長談話，他一定是個重要人物。我仍然相信，一個人的職業是他們在世界上有價值和受重視的原因。**有沒有什麼事業成功的人激勵著你？最重要的是，不要只是看重他們的地位，而是要注意他們有什麼特質打動了你。通常，這些特質正是你想要體現在自己身上的。**

太陽快要下山了，我們走過金色街道上匆忙趕回家的人群，就像小螞蟻從白宮散開一樣。在我們步行去參加活動的二十分鐘路程中，科林談到了他的生活、他在喬治亞的家人，以及雖然他已經被派遣到伊拉克和阿富汗三次了，他還是很渴望下一次的部署行動。科林像一位完美的紳士，為我打開了活動的大門，說道：「我們到了！妳知道的，我們待會可能會找不到彼此，這裡人太多了……所以嘍，妳得留下妳的聯絡方式」。

我微笑著，拉著他的胳膊走進去，回答：「為什麼？你是想要跟蹤我，還是只想找個筆友？」他走到吧台前時，對我微笑著說：「不是，我下個月要出發去中東了，我想確定我的家人有邀請妳來參加我的葬禮」。

計程車司機班尼

一開始，我以為他在開玩笑，但看到他臉上的表情後，我能感覺他說的是真心話。我心想，人長得帥又瘋狂，我可真會挑人。聽到有人說了這麼陰暗又滿不在乎的話，讓我感到震驚，但我還是把它拋開，開始環顧四周尋找機會。我下定決心要完成一件事，那就是帶著一個實習機會離開這座城市，我心想，我只需要在這擁擠的房間內找到一個願意幫我的人。目光掃視了全場之後，我看到一個和國會大廈南站強尼有幾分神似的人，他手裡拿著一頂報童帽，站在活動場邊。我心想，這一定是計程車司機班尼，便朝他走了過去。

「你好」，我雙眼炯炯有神地說道，「你是班尼嗎？」

他帶著好奇的微笑問道：「我有那麼好認嗎？」

我們很快地笑開，我告訴他，他在國會大廈南站的朋友強尼，是我在華府認識的第一個朋友。班尼笑了笑，伸出手來熱情地說道，「啊，美女，歡迎來到這個地區」。

* 編按：六英呎五英吋約為一百九十五．五公分。

我們正要開始談話時，科林走了回來，向班尼作了自我介紹。他把我拉到一旁，一開口說話，我就從他的聲音注意到他已經有點醉了，手裡還拿著一把點心站取來的起司塊。

「艾希莉，和計程車司機打交道，並不會讓妳從倫敦回來的時候獲得實習機會」，他低聲說道，為我感到惱火。

我走回班尼身邊，為對話被打斷而道歉，雙手一攤說：「我該去四處走走，去見一些可能幫助我獲得實習機會的機構人員了」。我正要轉身離開時，班尼輕輕地抓住我的手說：「妳知道嗎，我有時候會開車載柯林頓一家人，如果需要我幫妳安排一個白宮面談的話，再告訴我吧」。他把名片遞給我，然後走開了。計程車司機班尼剛剛成了我拓展人脈活動的神仙教父。我目瞪口呆地抓著名片說：「謝謝你，班尼」。

我想起了作家桃樂絲．帕克（Dorothy Parker）曾精彩地說過：「我討厭寫作的過程，但喜歡寫完的感覺」。我開始覺得社交活動也是如此。我不喜歡身處社交活動的當下我的神經系統的反應，但是我喜歡與人交流之後的結果。

接下來的一個小時裡，科林把我介紹給室內他所認識的每一個人，但我看得出來，這些介紹並沒有達到我想要的成果。科林最後一次環顧四周，轉過身來，好奇地問：「餓了嗎？」

「是啊，但我窮得要命」，我問，「我們在哪裡能買到零美元左右的零食呢？」。

他笑著說：「別管那麼多了？我帶妳去個很酷的地方吧」。

跟我共享半個漢堡的人是……

我們走到位於華盛頓特區U街走廊的馬文酒吧，我忍不住注意到，我看起來和所有女人一樣，穿著我最優雅的奧黛麗赫本式的衣著，一副準備吃「第凡內早餐」（*Breakfast at Tiffany's*）*或與總裁會面的樣子。當科林再次向酒吧走去時，我注意到一位看來很和善的四十多歲男子，獨自坐在吧枱邊，他的餐點剛送上，他正要把多汁的漢堡切成兩半。

「不妨試試」，我一邊對自己說，一邊穿越人群，走到他旁邊坐下。當我充滿信心地直視他的雙眼時，他停了下來，感覺到我有備而來，而我的確如此，因為我餓了。我低頭看著他的漢堡，微笑並禮貌地問道：「你那另一半打算怎麼處理呢？」

他笑了，令我驚訝的是，他把半個漢堡放在一個小盤子裡遞給了我。我們用餐的時候，他問了我很多問題，聊到我的目標，以及為什麼我現在選擇來華府，我住在洛杉磯，再過幾個星期之後就要去倫敦攻讀研究所。對話很輕鬆，可能是因為我並沒有打算推銷自己、或是口頭上證明我的資格或學經歷，兩人純粹只是邊吃漢堡邊聊天。

* 譯註：《第凡內早餐》是一九六一年奧黛麗赫本主演的一部美國愛情喜劇。

「那麼告訴我」，我問，「你在這一區做什麼呢？」他的回答是我絕對沒有想過的答案。

「我要競選市長」，他帶著政治人物燦爛神祕的微笑說道。

我的腦子立刻轉得飛快：呃，對不起，你說什麼？我真的要把這事稱之為「零食意外」（snaccident）*……貪吃造成意外的混亂結果，全包了。我開始笑了，同時感到畏縮，因此我立刻告訴他我要失陪一下，馬上回來。我走進燈光昏暗的洗手間內，大口深呼吸，試著讓自己冷靜下來，真不知道我該感到好笑還是羞愧。

如果你想要更多神奇力量，就多與人交談

我想到多麼有趣的一件事，計程車司機班尼可以幫助我，就像眼前的這個人一樣。我們存在的世界裡是如何充滿著頭銜、體面的衣著和自我行銷，一切都讓我們感到害怕，同時又激勵著我們。我意識到人與人之間的聯繫是如此緊密，彼此只有一點點的差別，即使是中情局局長或要競選市長的人也一樣。最重要的是，我了解到，即使我有時會讓自己出醜，如果我想創造我的人生藝術，我就必須不斷地與人對話交流。如果有一天你醒來時對生活感到乏味，想要改變現狀，不妨問問自己：你能去哪裡找到更多的對話機會？要知道，咖啡店的排隊和參加社交活動一樣有價值。**對話是產生魔力的地方，有辦法為世界帶來無限的機會。**

我朋友的奶奶曾告訴我，在約會時，「**永遠不要追逐男人，要像田野裡的一隻白鵝，慢吞吞地跑，讓男人追求妳**」。我一直以為她的說法很瘋狂，但我發現這有點像我們在規畫職業生涯的時候。與其說「我的人生該怎麼辦？」倒不如問問自己，「我該處於什麼樣的條件或環境之下，才能獲得生活的靈感，或者說讓人生捕捉我？我該怎麼做才能像這些小白鵝一樣，讓自己恰好落入人生與機遇的美麗交匯點呢？」選擇去馬文那樣的酒吧，或者決定去參加社交活動，創造了我人生中一個神奇的煉金機遇，我突然領悟到，自己只需要繼續在人群中扮演白鵝的角色，隨時準備被機會所捕捉。

當我走出洗手間的時候，我想到了一些問題，想要問那個競選市長的人，真不敢相信，就是那個被我哄騙了一半漢堡的老傢伙，例如「我的人生該怎麼辦？」或是「我該怎麼爭取我想要的職位？」這一類的問題常常讓我不知所措，結果就是，我什麼也沒做，因為害怕失敗，自尊心難以承受。直到現在，我才明白自己一直都戴著完美主義的面具，不想面對我對失敗的極度恐懼。

當我終於回到吧枱時，市長競選人正在付帳，或者該說是我們的帳單？他給了我他的電子郵件帳號，感謝我分享他的晚餐，並建議我們保持聯繫。我不禁想說這個人實在太偉大了，在過去的兩個小時裡，我一直在談論我自己，吃了他一半的晚餐，結果他要我們保持聯繫？事實上，我

* 譯註：snaccident 一詞是「零食」（snack）和「意外事故」（accident）兩個詞的組合，原本意指吃了超乎原先預期份量的零食。

真的直截了當地問他，「你為什麼想和我保持聯繫呢？我剛吃了你的晚餐，還疲勞轟炸你的耳朵耶！」他說了一句我永遠不會忘記的話：「因為妳很真實，這個城市需要妳」。他走開時，我的眼眶濕了。整件事情真的很不像真的、令人難以置信。強尼把我介紹給計程車司機班尼的奇緣、地鐵之行、見到中情局我崇拜已久的一個偶像、科林，現在又遇到一個要競選市長的人，他還叫我們要保持聯繫？

明確感來自實際行動，而非空想

那天晚上我學到了很多：關於人生中存在多少機會、以及如何自然地與人交談。在這一刻，我想起了一個真理，至今依然被我奉為圭臬：成功和明確感來自實際行動，而不是空想。如果你想弄清楚自己的職業道路，你必須願意投入世界進行實驗修正。實際行動可以像是單純的讀書或參加課程；也可能是很複雜的，例如確實投入一份你認為可能喜歡的工作。願意為追求明確感而努力，實際行動，會推動你向前進。畢竟，處於不確定狀態是毫無力量的。反之，勇敢現身、全心投入，看看世界會給你什麼樣的回饋。記住，一路走來，你總是能修正方向的。

從那一天起，我把我的職業生涯看作是一個實驗契機，可以隨時與我所處之境相遇，而不是一個目的地。我感覺到人生無所不在的魔力和機遇……我不再那麼擔心我的未來。說真的，就在那天晚上，我感覺自己就像一隻小白鵝，隨時準備好被機會捕捉，努力成為我所認識最有趣的人。**不為別人，而是為了自己。**

人生轉向 7 學習將對話轉變成機會

就在最近，我在米高梅大酒店度假村（MGM Grand Resorts）的女權會議上做特邀主講者時，一位女士站起來問了一個我經常聽到的問題：「為什麼我得不到我應有的價值？」

如果你也曾納悶這點的話，我能理解，而此時此刻我希望能幫助你克服這個問題。首先，讓我們檢視一下這個措辭：「我應有的價值」。你一直都有價值，永遠如此，遠遠超乎一個數字，所以，在你進行整個薪資談判和求職過程時，一定要正視自己真正的價值。其次，在我看來，**這個女人真正的問題不在於她沒有得到「應有的價值」，而在於她沒有為自己創造足夠的機會進行選擇。**

對話的神奇魔力無所不在

要知道：如果你在求職過程或職業生涯中沒有得到你想要的結果，正是因為缺乏選擇的緣故。你可曾見過有很多職業選擇的人呢？他們看起來都很興奮，步伐中充滿活力，整個人似乎很富足的感覺，因為他們致力於為自己創造選項。你知道怎麼樣才能辦到嗎？你得去創造更多符合自己核心本質的對話機會。事實上，每當我在工作中感到無聊的時候，我都會對自己說：嗯，該是時候創造更多的魔力了。我接下來立刻會想：對話可以創造魔力，那我可以在哪裡找到對話機會呢？或是，我想和什麼人多聊一聊呢？

相信我跟你說的，凡事不必想太多，就像認識計程車司機班尼和地鐵站的強尼一樣，神奇魔力無處不在，這就是富足的訣竅。但這麼說並不代表你需要一直「不斷地」與人聊天；而是說你需要對人敞開胸懷——如站在雜貨店花生醬貨架前你身邊的顧客，一起排隊上廁所的人，你的郵差……諸如此類的。神奇魔力無處不在，而我們卻傾向於相信應該要和特定人士（也許更有經驗的人）交談。設定談話對象會有所幫助嗎？當然。但是，請相信我，在我職業生涯中的一些重要魔法，都是出現在去雜貨店，或是在街區蹓著我家的狗朱庇特時，不經意的與人交流之中。

實際應用

一、你在哪裡感覺最有活力，最符合自己的核心本質？列出經歷、人物或地點。

二、從中選出兩到三個你覺得在接下來幾個星期內最想去的地方或活動。

三、在參加了其中一個活動、或去了最符合你核心本質的地方之後，在回家後的一小時內，隨意寫下任何想法或點子。也就是說，拿起筆來，白紙黑字寫在紙上，隨心所欲而不必多加思考。再看看你出去展現最真實的自我之後，引發了什麼靈感。

四、雖然我不喜歡運動的過程，但我喜歡運動後的結果。我通常也不喜歡社交活動，但我喜歡拓展人脈的結果。有什麼活動是你當下並不享受，但總是喜歡它所帶來的結果？你該如何投入更多到你的生活當中？

五、到 Meetup.com 網站上，做一些線上研究。你所在的地區有哪些拓展人脈的機會或活動？列出日期和時間表，務實地提出幾個你每個月或每年願意參加的活動。

結語

我知道這令人感到不自在，但卻是事實：在生活召喚你要注意之前，你沒有意識到你實際上珍愛自己的程度。對我來說，在我的職業中珍愛自己代表發揮我的「女性力量」，並且為自己創造更多的選擇。等待雇主決定你是否值得加薪，一點都不令人振奮。為什麼不將求職和與人交流視為一種生活方式呢？如此一來，只要一個對話就能為你帶來更多的選擇，你的人生也將變得更加活躍。

讓我們在此提出一個攸關真誠的注意事項。**真誠的溝通不僅有助於建構更強的信任和更深層的關係，還有助於讓你保持健康。**根據最新的研究，頭痛、喉嚨痛和焦慮都是撒謊的症狀[5]。避開這些，在你的溝通中真誠以待。真實自我總是贏家。你總是會露出真實的面目，所以還不如現在就做自己吧！

第8章

精準自我行銷的魔力

二〇〇九年五月二十日

就在我來到華府的第一個星期，我感覺到無限的可能性。我每天都獲得更多的自信，但也開始感到好奇，想知道華府能為我提供什麼。

事實上，在某個星期一的早晨，我提前幾分鐘走進教室，卻注意到教室前面有幾個同學，正在和當天的主講者交談，他是一位有親和力的上校和政治說客，名叫約翰．蓋瑞特（John Garrett）。我不敢上前自我介紹，只是在教室裡聽著別人談話，等其他學生到來。

早起的鳥兒有蟲吃

後來我領悟到一件事，並且永遠牢記在我的職業生涯當中：每當你去參加一個活動，特別是只有不到一百人的活動時，一定要比其他人更早抵達現場，由於演講者通常都會提前到達，這給了你一個親自與演講者接觸的好機會。我還學會在活動中爭取前排座位，因為通常演講者在發言時，會看著坐在前面的人，因而形成了一種聯繫，可以讓你在演講結束後繼續發展關係。

蓋瑞特上校轉過身來，此時教室早已坐無虛席，他自信地向聽眾作了自我介紹。他有一張和善、但飽經風霜的面孔。在他自我介紹時，我不禁好奇想像他為政府工作過的所有地方，以及他為保護國家安全所做的一切。他談到了他的個人價值觀、在越南當兵的經歷、他的戰爭經歷、以及無論走到哪裡都要造成影響力的重要性。他啟發了我。我現在可以看到，他的職業生涯完全符合他的核心價值觀：服務、紀律、冒險和共同體等等。令人敬佩的是，這位上校能夠將自己的核心本質如此完美地融入長期的職業生涯中，這是我們一生都在尋求之事。

簡單扼要的電梯簡報

下課之後，每個人都排隊等著親自和上校談話。我在等著輪到我的時候，拿出了一個記事本，開始寫下他給同學的所有建議，然而，我不禁注意到所有的學生都不太會自我介紹。過程大致如下：學生會上前打招呼，提出他們的問題，然後他會回以不同版本的提示問題，「介紹一下你自己吧」，這是一個明確的自我行銷機會。對話的暗示也可能聽起來諸如此類：你為什麼會對政府感興趣呢？你現在的目標是什麼？這些問題全都指向了同樣的需求：簡單、扼要、精心排練的電梯簡報。

你有沒有想過要如何介紹自己呢？如果沒有，或許該開始準備了。七六%的招聘經理認為，應聘者被問及這個問題時，「有趣」是必須具備的首要特質❶。因此，你如何介紹自己、以及你選擇分享的內容是很重要的。這正是在社交對話和工作面試中被問得最多的問題。

我在前一天晚上和同學們參加另一個社交活動時觀察到，這個問題（或其他不同的版本）是我最常聽到的問題。我看到有一些學生準備得很好，回答聽起來很得體，而有些人的對話則是含糊其詞，眼神因恐慌而變得呆滯。似乎最健談的人都是先訓練好耳力，並準備好隨時一接收到提示，立刻推出自己精心練習、有目的的電梯簡報。

在等待輪到我的時候，我忍不住想這是多麼諷刺啊，大多數的人應該都是最了解自己的，卻不太會談論自己。這點讓我受到啟發，開始寫下如何刻意設計精準的自我行銷話術。

打造完美電梯簡報的四個步驟

仔細注意什麼樣的電梯簡報似乎獲得蓋瑞特上校的興趣之後，我拿出筆記，寫下了四個概要：**故事、即興吹噓、技能和目標**。

第一步：故事

「妳為什麼想來上這門課呢？」上校問班上最優秀的學生之一瑞秋。她回答說：「我從小和父親一起生活，他是為了追尋美國夢移居美國的移民，我是家裡第一個大學畢業生。在我的成長過程中，我看著父親面對很多歧視，那些時刻更加深了我從事公民權力服務的熱情」。

哇，我心想。她獲得一個自我行銷的機會，以一個強大的故事回應，莫名地將她的成長過程與未來的職業志向連結在一起。她把現在的職業願望根植於過去的歲月，使她的回答多了一股神聖的力量，這是大多數人無法辦到的。聽她說話時我很感動，因為我可以看出她是發自內心的分享。上校聽著她的故事也比其他人的故事更投入，他也被迷住了。

加州大學柏克萊分校（UC Berkeley）最近分享了一項研究結果，人們在聽完令人驚嘆的經歷或演講後，更願意改變自己的信念[2]。因此，如果你想在工作或任何其他關係中留下深刻的印象，你必須想辦法令人驚嘆。不是愛，不是歸屬感，而是驚嘆的感覺。當你和人交談時，你知道如何使人著迷或創造驚嘆的感覺嗎？每個人身上都有一些迷人的特點，了解自己這些特點是很重要的。歷史上最有影響力的演講，如馬丁路德・金恩（Martin Luther King Jr.）或史蒂夫・賈伯斯（Steve Jobs）的演講，都是以一個引人入勝的故事來吸引聽眾，激發人們對現實的靈感，實現對未來的夢想❸。那天瑞秋以一個故事做開場白，巧妙地將她的職業與成長過程中有意義的事連結起來。巧妙的原因有兩點：首先，故事很容易讓人記住，其次，回想童年時期引發你未來職業興趣的關鍵時刻，等於向聽眾表明，他們並非只是雇用一個突然醒來想要一份行銷工作的人；而是雇用一個從小就有使命感的人、對工作有一份特殊情感，遠超乎對薪水或日常工作的重視，這一點是很強大的。這麼做將使我們能夠展示更深層的理念，以及核心技能的初期指標，並完美地與職業興趣相吻合。

我聽著她用來推銷自己的開場白：「我從小生長在……」，立刻受到啟發，當場修改了自己的話術：「我從小生長在新聞播報不斷的家庭環境中，所以年輕的時候就對國際大事耳濡目染。我在東海岸的家人受到了九一一事件的嚴重影響，從那時起，我就立志要為保護人民安全事業盡一份心力。」當上校正和排隊的學生一一交談時，我在筆記本裡寫下了這些話，並在腦海中不斷重複練習。

事先計畫好談話的內容，是不是會讓你覺得自己很差勁或是虛偽？正如著名的人生教練史蒂夫・錢德勒（Steve Chandler）曾經向我指出的，authentic（真實可信）與author（作者）有相同的拉丁文字根，而我認為寫下生命中珍視的事件，從電梯簡報到真實的自我，才是真實的。別的選擇呢？懷抱期望嘍；祈禱在你職業生涯中最重要的時刻能說出正確的話。我覺得應該要刻意準備我的故事；也應該要對它多下點功夫、心思，並牢牢記住才好。我不斷重複我的故事線，直到它印在我腦海裡。由於根深蒂固，久而久之，每當我在別人面前時，我都能如行雲流水般地介紹自己。如果你不刻意準備，你的表現就會受控於緊張的神經，那絕對不是你想要的樣子。當你刻意練習之後，就好像你不再受制於神經系統，可以專注在與人的溝通交流之中。

我的建議是？練習你的電梯簡報直到臉色發青。這樣做不是虛假，也不是被強迫的；而是有意為之、思慮周全的。

那麼，我們該如何將過去結合到自我行銷話術中呢？我的朋友丹尼爾（Daniel）剛接受了一份工程師的工作。我想他應該可以說說他小時候老愛把電腦拆開再組裝起來的故事。或是我的朋友凱拉（Kiera）最後成了一名神經心理學家，幫助人們克服大腦損傷，她可以描述小時候她是怎麼樣在操場上為弱勢者發聲的。我的朋友巴里・葛里芬目前正在巴哈馬競選公職，他小時候經常在孤兒院做義工，大聲反對政治腐敗。你小時候是什麼樣子的？和你的職業有什麼關係？我所有朋友的職業選擇都與他們成長時的個人熱情自然地聯繫在一起，一開始就為他們提出一個有力的自我介紹故事奠定了基礎。

第二步：即興吹噓

當蓋瑞特上校被這些故事所吸引和感動時，我注意到他並沒有一定會主動提出幫助學生，除非他們做到某一件事，那就是我在筆記本裡寫下「即興吹噓」（cuff）一詞的時候。他們會提出某種根據低調吹噓一下，通常都是即興的。像是什麼樣子呢？例如在大學是明星運動員，或是成績優異，錄取了哈佛大學研究所，或是即興分享他們多方面的語言技能。

這正是一個名叫安東尼的學生所做的，在上校請他「介紹一下自己」時，安東尼和瑞秋一樣分享了個人的故事，只是他更邁向了寶貴的第二步，隨興向上校自誇一下他優異的表現。他說：「我真的很感激過去幾年在大學裡擔任足球隊的四分衛，我從當中學到了很多紀律」。聽到此時，我看到上校站起來說，「我認識一些人，他們希望雇用有這種紀律和執行能力的實習生和員工。你的電子郵件帳號是什麼？」

我非常清楚，**如果你想吸引某人、擄獲他們的注意力，那就在自我推銷時以一個故事作開場白。但如果你想讓他們實際採取行動幫助你，那就謙虛地吹噓一下自己優異的事蹟吧**。這又讓我想到同一個問題，這樣自我吹噓會不會太做作了？我又再次想要盡可能完美地展現自己。我的臉皮太薄，無法再參加更多社交活動、讓自己淹沒在人海中。我想要脫穎而出，這代表我必須認真思考這個問題。我接著開始在想我有什麼本事可以即興吹噓的。我有什麼有趣的地方？該說我精通法語嗎？還是我在大學時期每年都榮獲書卷獎？我不確定，但是管它呢，我在筆記裡寫道：我很高興能流利地用法語溝通，我計畫在未來政府工作中善用這一點。如果你沒什麼好吹噓的？我要強調的是，你總是有值得誇耀的地方。問問朋友你有什麼優點值得一提；我打賭他們會說出很多的。最重要的是，你捫心自問，你害怕誇獎自己、不敢低調地自我吹噓一下嗎？為什麼呢？

我發現，在電梯簡報的第二步即興吹噓中，有一個例外：如果你認為招聘人員對你的工作申請或資格有某種疑慮，你就不應該隨意自誇。什麼樣的疑慮呢？

也許你正在找工作，想要轉換職業跑道，而你對即將面試的工作沒有相關經驗。

也許你因為需要休息一陣子、或是丟了工作，造成工作經歷有一段空窗期。

也許你曾有自己的事業，如今重新回到就業市場。

從長遠來看，我認為這不會對你的職業生涯造成太大的傷害，但招聘人員通常會注意到這些事情，使他們心裡對你這個人一直存有疑慮。問題是，他們通常不會向你提出這些疑慮，給你一個澄清的機會。正因如此，當你在工作面試的時候，如果你覺得缺少一些重要的因素，我不建議你採用即興吹噓這一步。在這種情況下，我建議的說法如下：

履歷空窗期

- 「由於健康因素，我離開了工作崗位一段時間，但我現在非常慶幸已經恢復健康，能夠完全專注於我的事業」。

- 「我離開了上一份工作，是因為它不符合我的職涯規畫，便決定環遊世界一段時間。在那段時間裡，我突然想清楚我想要轉換到……（在此插入職業選擇）」。

轉換工作跑道

- 「我喜歡在……（在此插入過去的職業）工作，我很感激我學到了……（在此插入相關技能），但總覺得我缺少了……（下一份工作能提供的特點）。不用說，我很高興能做出這樣的轉變，因為這更符合我的真實自我，能讓我有最好的表現」。
- 「我離開了工作崗位，開始經營自己的事業，這是一次非常美妙的經歷，使我更具有策略思考和行動力。雖說如此，我發現自己比較喜歡穩定的生活，因此我最終決定重返就業市場對我來說更加合適！」

我稱之為即興吹噓是有原因的，朋友們！因為不管你是在自誇，還是在解釋一個明顯的缺點，都必須是即興、速戰速決的。不用說，在澄清令人不安的疑慮和凸顯問題之間只有一線之隔。因此我會盡快簡短地吹噓一下，如果他們心中有任何疑慮，我會不經意快速以自誇澄清。順便提一下，你有沒有注意到我把這些問題換個說法，變成了資產？比方說，如果你休息了一整年、或是不得不照顧生病的媽媽，別擔心，利用這些問題，把它們變成你的優勢。簡單提一下你休了一年長假去體驗其他文化或學習語言。如果你不得不照顧親愛的家人，不要感到羞愧。**生命中這些時刻是寶貴資產，而不是負債，這證明了你有愛心和憐憫之情。**

你的履歷最重要的並不是個人的實際經歷，而是攸關你如何談論它，無論是在用字遣詞、還是自我表達的方式，只要牢記了這一點，你的電梯簡報或是工作經歷就會令人印象深刻。順道一提，也正是因為如此，牢記自我行銷的內容是很重要的，它能讓你在介紹自己時更有自信。想想看：如果你知道自己要說些什麼，就可以把全付心力都轉移到展現活力和自我表達上。練習會帶來十足的把握，有了十足把握就會產生自信心，你明白嗎？

不要把過渡時期視為履歷上的缺憾，它們其實是你的踏腳石。身為求職者，你所面臨的真正關鍵是展現你的自信，**因為你在談論這些踏腳石時所傳達的能量，正是建立信任的基礎。人生總是在挑戰你不斷追求進步，所以好好利用它吧。**

在五月上那堂課時，我還不了解這一點，但幾年後，這些課堂筆記成為一個四步驟公式，我將之傳授給數千名求職者，並延用至今。

求職公式

一、個人故事：吸引你的聽眾

將工作（或選擇的行業）所需的核心技能與你的成長故事連結在一起，以激發對方的興趣，這些故事必須要能夠凸顯你的熱情、或提供你職涯規畫的緣由。建議的開場白是：「我從小生長在……」或「回想起小時候，我一直都是……」。

二、即興吹噓：你可以謙虛地自誇一下或澄清他人疑慮。

以感恩之心分享你的優點。例如，你可以用「我非常感激……」做為開端，然後分享自己的長處，亦即你能為下一份工作帶來的寶貴資產，可以是你個人任何獨特或相關之事，不管是你說的外語、還是你受過的特殊訓練。記住：你不必給人自我吹噓的感覺；只是出於感恩之心分享自己的優點。當然，如果你有什麼令人疑慮的地方——如履歷上的空窗期、轉換職業跑道等等——從前文的腳本中你知道該怎麼做了。

三、技能：了解招聘人員希望應徵者具備的技能。

每一位招聘經理都渴望下一個員工至少擁有一項特殊技能，能夠為工作團隊帶來重大改變。你的任務就是自問這項技能是什麼，考量你的工作興趣以及對方想要雇用的人才特質。下方表格列舉一些特定工作或職業領域的相關技能。

工作或職業領域	技能需求
情報或反恐怖主義	識別數據資料模式
諮詢輔導人員	傾聽能力
作家	創造力
創業者或企業家	創新能力
會計	注意細節

以下是關鍵點。你可不要大肆吹捧自己有此技能，像是說「我太棒了」。反之，你可以用他人推薦的方式來表達。意思就是，不要只說「我有關注細節的本事」，而是要探索你的過去，找出一個值得信任、曾稱讚過你這項技能的人。比方說，「我的老闆總是告訴我，我有……（插入理想技能）的天賦，我知道這對於目前所討論的職位很有幫助」。如果你的老闆並不曾誇獎過你這項天生技能，那就繼續往下：你的教授欣賞過嗎？你的同事注意到了嗎？最壞的情況，也許你的朋友提過了。不管怎麼樣，**你在提出自己的優點時，務必以第三人推薦的方式呈現**。

四、目標：點明希望得到理想的工作。

你的電梯簡報到此結束，此時你必須分享為什麼這份工作或公司對你來說特別重要。可能是因為他們的企業宗旨、發展過程、客戶名單、企業責任、企業文化、相關新聞報導等，什麼都行。你的任務是要找出他們對你的特別之處，並傳達此一訊息。在許多方面看來，找工作就像約會一樣，沒有雇主願意只因你需要一份工作或提高薪資而雇用你，他們只想雇用那些一心只為公司奉獻的人。真的很像約會，對吧？所以你的目標宣言聽起來可以像這樣：「我對這個機會感到特別興奮，因為……（在此插入公司及其宗旨的獨特之處）」。

或者，假設你不是在面試一份工作，而是在拓展人脈，在這種情況下，你的目標不是得到一份工作，而是為了得到某人的支持。你或許可以這麼說，「我此刻真的很興奮想轉換到能發揮……（某技能）的角色，最理想的是在……（在此插入行業）」。你必須清楚地表明你的目標為何，例如：「目前我正在找一份實習工作，最理想的是研究國家安全的領域」。

＊＊＊

我全神貫注於我的即興偷聽所吸收到的所有人生資訊。事實上，在上校準備離開的時候，我差點錯過了他，因為我還坐在那裡，寫著許多關於自我行銷話術精彩的筆記。我對自己說，機不可失，時不再來。這是我和他談話的機會，所以我闔上筆記本，收拾了包包。我害怕地朝他走去，準備著要和他交談，卻突然覺得腦海中一片空白。人生中一些最神奇的機會不是來自一系列重大事件，而是來自你勇敢踏出的那一步，決定走去跟某人打招呼，或是參加你寧願躲避的社交活動。

「蓋瑞特上校」，他正要走出大樓時，我大聲喊道。

他轉過身來，眼神帶著和善又溫暖的微笑。「妳是不是把我所有的祕密都寫下來了，還是想挖掘更多的祕密？」。被發現了！但不是真的，因為我寫了一個完整的電梯簡報公式，根據我從學生當中所聽到的，截取我欣賞和不欣賞的內容。

我還沒來得及回應時，他就繼續說：「事實上，我覺得這是個好主意……聽其他學生提問是一種吸收資訊並學習的好方法」。又被說中了！我唯一的選擇就是從實招來了，所以我笑著回說：「我很會善用資源的」。他笑著問我他能幫上什麼忙。

就在那一刻，我開始口述幾分鐘前我在筆記本裡寫下的電梯簡報內容：「嗯，我從小生長在新聞播報不斷的家庭環境中，所以年輕的時候就很關心國際大事。我的家人受到九一一事件的嚴重影響，從那時起，我就決心要為政府工作，想藉此盡一份心力……這就是促使我精通法語的原因，我也打算要好好學習阿拉伯語……」。

然後，我停了下來。我記不得我的四個關鍵步驟了。

該死！個人故事、即興吹噓……哦，對了，我提醒自己：技能和目標。

為了掩飾內心的對話，我乾咳了一下，接著說：「我的很多教授都告訴我，我有寫作的天賦，所以在研究所畢業後，我想立刻將這種才能運用在情報分析員的工作中。事實上，再過幾個星期，我就要去倫敦攻讀一年的碩士課程了……」

人生在「鼓起勇氣」那一刻開始改變

我緊張得喘不過氣來，等待他的回答。他帶著溫暖的眼神微笑著，就在那一刻，我知道他將以某種方式改變我的人生。我不知道會是什麼樣子，也不知道他會做些什麼來幫助我，但我知道他是一個特別的人。回想起來，鼓起勇氣的那一刻，並不是弄清楚我要對他說什麼，也不是想知道他會如何回應……我如今明白，那一刻只需要兩個步驟：鼓起勇氣說些什麼來引起對話，並相信自己能順其自然發展。

人生總是瞬息萬變的，不是嗎？在你決定向某人打招呼這短短的幾秒鐘，再多待一秒鐘等待進行的對話，或者勇敢地提出你的要求。回想一下你的人生：有沒有特別的一刻，使你勇敢上前向一個對你有重大影響力的人打招呼？我真的覺得太有趣了，想想我曾經多麼相信人生就是發生「重大突破」的那些時刻，而事實上，正是這些鼓起勇氣的微小時刻不斷創造了大突破。而每一次都是攸關自己決定現身去創造時機。

蓋瑞特上校說：「我要去一家叫 Old Ebbitt Grill 的餐廳，和幾位特勤局、國務院的人共進晚餐。妳想要一起去嗎？」

這個邀請令我心生畏懼，但我想不出還有什麼地方比這裡更適合我去了，因此毫不猶豫地就說「好」。我懷疑自己能不能夠應付這樣一桌子的人，像我這麼年輕，能提供什麼有趣的話題加入談話呢？後來我意識到我唯一的選擇就是做我自己。你可曾有過這種經驗，在一整桌的成功人士面前感到焦慮？那正是我當晚的感覺。我心想，如果我能用一席簡短的談話給餐桌上的人留下深刻的印象，我得努力堅持下去！不過，我不必「刻意努力」的是我只需要做我自己。當你正和某人會面或身處難以應付的社交場合而感到焦慮時，記住最重要的是做自己。

我們步行去吃晚飯時，我想到了我的電梯簡報，以及我該如何在餐桌上介紹自己。天哪，我必須要讓他們留下深刻印象。我到底該說些什麼？也許少說話為妙。也許我應該保持安靜。我的思緒一團混亂，所以我們走進餐廳大門時，我便失陪一下去了洗手間。我站在廁所裡，打開我的筆記，重讀筆記中的四個步驟：

一、故事：我的「動機」，或與我的職業技能和興趣相關的生活故事。

二、即興吹噓：凸顯我的優點或是自我澄清。

三、技能：對於擁有能夠運用在未來職業的某項技能心存感激。

四、目標：我下一步要做什麼，需要幫助的地方。

不要過河拆橋，為自己留後路

我已經有心理準備聽到有人會要我「介紹一下自己」，或是任何可能的電梯簡報提示語。我大口深呼吸之後，朝著蓋瑞特上校的餐桌走去，驚訝地看到一張熟悉的面孔，那天晚上和科林一起出去時所碰到的、和我分享漢堡的市長候選人。他微笑著看著上校說道，「選了一個不錯的學生帶來吃飯哦。我認識艾希莉，她很有意思。想一起分享漢堡嗎？」他笑著問我，像是我們之間的小祕密似的。就在這一刻，我真正明白了不要過河拆橋的重要性，政府單位的世界是很小的。

餐桌上其他人都看著我，好奇地想和我交流，問我對未來有何計畫。我趕緊把握機會好好介紹自己，看著他們都點頭致意。我談到我選擇進入倫敦大學國王學院的戰爭研究所課程，再過幾個星期就要開課了。我接著就開始詢問關於他們的問題，我曾讀過一本書，書上提到如果你對別人感興趣，對方會認為你是個有趣的人。回家後，我查看電子郵件，看到了七封以上的來信，都是介紹倫敦聯絡人給我的。上校後來告訴我，他把我的電子郵件發給了在座的每一個人，並請他們查看自己的聯絡人，看能如何幫助我。拓展人脈不是一個單一事件，也不是只發生在你掛上名牌的時候。這是一種生活方式，每天早上醒來，不斷地去創造能為自己帶來機會的對話。

只要一個「好」、「是」，就能改變局面

我心想。回顧過去，我一直在努力曝光爭取機會，結果（大多數時候）都被拒絕，我領悟到，無論如何我都需要不斷地訓練膽量。是不是很嚇人？是的。事實上，一想到要過著不斷曝光爭取機會的人生，我就覺得想吐。

我認定最糟糕的人生是，讓我的潛力束之高閣，隨著我內心的音樂或藝術而死去。當你選擇讓自己的人生如此時，就會是這個樣子的，不是嗎？要明白，你選擇站在機會邊緣的那些微妙時刻所代表的是一種習慣，你正在剝奪自己的成就。無論是不是我的本性，我都會選擇訓練自己要努力曝光爭取機會。**我知道如果我願意面對更多的「拒絕」，我的人生總會碰上一次「好」的機會。**就像我爺爺索爾（Sol）曾經告訴我的，「如果你敲了很多扇門，終究會得到一個『好』的回應」。最終，那些微小、頻繁的拒絕所帶來的不愉快，只不過是人生遊戲所要付出的代價。

在接下來的幾個星期裡，我體驗到了精準自我行銷的魔力。每次我們班上有演講者，我都會等到最後一刻與他們進行一對一的交流，以輕鬆隨意的方式，陪著他們離開教室。這給我上了關於人際互動寶貴的一課。

我才開始真正適應憲法大道的生活時，就到了該收拾行囊去倫敦的時候了。我出發去機場時，夏雨猛烈地落在計程車的窗戶上。司機試圖和我聊天，但我此刻的思緒非常混亂、對我的下一步感到緊張，完全沒有心情交談。離開華府令我感傷，好像我在此地找到了一部分的自我，又擔心會被我遺忘。

當我們上了高速公路時，我回頭看了華盛頓紀念碑最後一眼，右手深情地放在車窗上，心裡默默地說著，再見了，華府。我們驅車離開時，我感到都市的力量貫穿我全身，我非常感激在這短短幾個星期內所學到的一切。

我早上五點四十五分抵達杜勒斯國際機場（Washington Dulles International Airport），離我的班機還有幾個小時。辦理完行李托運之後，我坐在貝果麵包店裡，不停地檢查我的電子郵件，收件匣裡突然出現一封新郵件，主旨欄寫著「歡迎加入 Mishcon de Reya 人權團隊」，令我大吃一驚。這封郵件一定被我讀過不下十遍，不敢相信曾受戴安娜王妃委託的律師事務所竟會聘請我做實習生。到了我上飛機時，這個實習機會的興奮感使我筋疲力盡，我在飛機上全程睡了七個小時，直到快要降落倫敦時才從沉睡中醒來，幾乎流口水在我旁邊女士的肩膀上。

人生轉向 8

如何打造完美的電梯簡報

求職者犯的最大錯誤之一就是忽視了顯而易見的問題：如何談論自己和個人履歷。我們過於害怕面試官會問我們一些瘋狂的問題（這是很可能的），以至於我們往往忽略了最基本的問題：你如何談論自己？如何將個人優勢濃縮成一頁履歷，來展現自己的實力？你如何向招聘人員說明你的履歷？

本章介紹了幾個關鍵的概念：在重要時刻鼓起勇氣，不讓人生機會從你身邊溜走，知道什麼時候正是行銷自己的好機會，並刻意打造一個完美的電梯簡報。提示可能聽起來如下：

介紹一下你自己。

你為什麼對「主題」感興趣？

你為什麼申請這個職位？

你究竟是怎麼樣的人？

你明白我的意思。切記，這個公式適用於較長時間的對話，例如一場咖啡會議、社交活動中的愉快談話、或者工作面試。這並不適用於和你隨興打個招呼、對你不感興趣的人。你的電梯簡報應該存在於對話之中，而不是透過電子郵件。

在電梯簡報可能派上用場的對話中，有什麼其他方法可以得到拓展人脈的結果？我在工作機會學院課程中，最喜歡說的是，在喝咖啡閒聊和社交對話時，切記提出幾個關鍵問題：

一、「我要如何才能在候選人中脫穎而出，你對這點有什麼建議嗎？」這個問題往往會激發人們幫忙把你的履歷發送出去，因為，讓我們面對事實吧：這就是候選人脫穎而出的原因。顯然，這個問題並不適合面試場合。

二、「你知不知道有什麼公司是我沒有注意到、但值得一試的？」這個問題往往會激發人們為你牽線，把你介紹給其他公司的朋友。顯然，這個問題也不適合面試場合。

實際應用

一、你可以運用在職場的核心技能是什麼？

二、在你的成長過程中有什麼故事能證明你善用該技能？

三、以「我成長的環境是……」或「回想起小時候，我一直都是……」做為你的故事的開場白。在步驟七之後的空白處寫下你的故事，不超過一行到兩行。

四、你感興趣的工作與過去的經歷一致嗎？還是你正要轉換跑道？

(1)如果是一致的，那就找一個與工作相關的個人優勢即興吹噓一下。

(2)如果你認為面試官對你的求職申請有所反對或疑慮（例如，轉換工作跑道、履歷空窗期），在步驟七之後的空白處寫下你的即興吹噓自我澄清聲明。

五、你的下一份工作最期望你能具備的技能（例如，他們最大的需求和困境）是什麼？如果你曾經被稱讚過此一技能，這個讚美最好是來自你的老闆，如果沒有，那麼你的同事會是下一個理想的推薦人。

六、你的目標宣言是什麼？

(1)如果你在拓展人脈，那就應該與你此時要邁向的目標相關。例如，「目前我正在考慮行銷傳播或市場銷售，最好是與時尚品牌相關」，或「我來這裡是希望能見見一些人（陳述你正在尋找的理想聯絡人）」。

(2)如果你正在面試，目標就是要獲得這份工作，所以此宣言應該攸關你想為公司服務的特定原因。例如，「我對這個職務特別興奮，因為（在此插入真誠的恭維，如企業宗旨、企業價值觀、或任何令你感動之事）」。

七、打造你的電梯簡報並加強練習，直到臉色發青為止。將它牢牢記在你的腦海中，直到每一次介紹自己時都有如行雲流水般。將完整內容寫在此處：

結語

在人生中決定不斷現身爭取機會，像是我鼓起勇氣上前和上校打招呼，或是勇敢說「好」，接受他晚餐邀約的這些時刻，大大地改變了我的職業生涯。掌握自我行銷的機會是關鍵。打造一個感動人心、精簡的人生故事，吸引聽者的注意力，也是重要的關鍵。不用說，精神導師是最重要的，上校成為我的良師益友，他對我的一切幫助遠超乎我的想像。

第9章 高度企圖心，但一切隨緣

二〇一〇年八月二日

我宿舍的窗戶整夜打開，外面下過傾盆大雨，空氣中瀰漫著濃密的柏油味和剛割過的青草味。我看了一眼手機，時間顯示著早上九點零七分。我從床上跳起來時心想，該去機場了。我穿上一件綠色的厚毛衣，聽到我三位親愛的好朋友特里西亞、艾洛迪和巴里敲我的宿舍門，他們全都來幫我把行李搬到地鐵站。

我們走在倫敦潮濕的街道上，一邊閒聊著。我從研究所畢業了。聊天時我有一點心不在焉，不安的感覺從四面八方襲捲而來。我知道該是繼續前進的時候了，但內心一部分的我渴望安全感或確定性，想要永遠留在學校。你是不是也曾渴望回到大學學習呢？

碩士學位：社會認可的逃避現實方式

我感覺好像身處在煉獄之中：沉浸在對新事物的興奮和恐懼中，也參雜著緬懷舊事物的傷感和渴望。雖然我最大的長處之一就是願意接受現實，繼續前進，但真相還是有一點令人難以承受：我已經成年了，得自己付帳單，開始上班，向上司報告。我回想我在研究所的時光，感覺到某個事實在我內心激盪，我在利用這個學位來逃避現實世界。事實上，這是一種社會認可、很體面的逃避現實方式。

但如今，現實人生已經向我襲來。不幸的是，仔細想想，只有二七％的畢業生能夠找到與學位相關的工作，顯然，大多數的人對於如何利用碩士學位促進其職業發展，並沒有明確的規畫[1]除此之外，獲得碩士學位（如果是未經審慎思考的話）其實是會阻礙你的職業發展，因為，當你重回職場，找的工作並不需要這個學歷時，就會顯得你「資歷過高」。你在申請與你的碩士學位領域完全不相干的工作時，又會凸顯你「一場糊塗」。聽著，我是很重視教育的人，但在某些情況下，相較於學士學位，持有碩士學位的人據說薪水少了六％[2]。

如果攻讀研究所是經過深思熟慮，便是提升職業發展刻意而且必要的一步。如若不然，我發現這可能會造成損害，無論是在個人財務上、還是離開就業市場造成的機會損失。你想過要取得研究所學位嗎？如果是的話，你有沒有明確的方向和證據顯示這是絕對必要的一步？也許你負擔得起學習自己喜歡的主題，純粹為了興趣，無後顧之憂，若是的話，那就太好了。但如果你和大多數人一樣，攻讀研究所是一項昂貴的消遣，也是你逃避的出口，你終究還是得面對現實。如果你攻取學位這件事未經審慎思考，你就會落於人後，背負著一大堆的債務，少了幾年的就業經歷，這些原本都是你可以在工作中不斷成長之處。

你的人生成就其實並不在於你「得到了」什麼，而是你願意忍受什麼、以及自身的衝勁。我必須問你，你目前正在事業上「忍受」什麼？我走進倫敦希斯洛機場，排隊等著我的印度香料拿鐵，腦子裡醞釀的想法比機場咖啡師醞釀的咖啡還要多。我放慢思緒之後，下定決心要對我眼前的職業生涯感到興奮，還有我的人生、無限的可能性、我會變成什麼樣的人，所有的一切。我突然領悟到是恐懼讓我感到沮喪，並剝奪了我對人生下一個階段的興奮感，害怕我從普通大學獲得的學位或平凡的成績，會讓我永遠無法成就任何偉大事業。從某一點看來，偉大成就是屬於別人的，而不屬於我。這個想法嚇壞了我，奇怪的是，也激勵了我。

恐懼是最浪費時間的情緒

我看清了這些恐懼的感覺。害怕如果我讓自己脆弱到相信人生一切都是為了我好，我會因為失敗而失望。害怕如果我真的大膽「要求過高」或「要求過多」，我會讓自己出醜。恐懼會告訴你，「別期望太高」，或者「等待下一步的發展」。但是，你知道嗎？希望和脆弱是留給勇敢的人。你和希望是什麼關係？你是不是害怕會突然失去某些東西，還是會勇敢選擇相信人生總是會善待你的？

那一刻，我告訴自己：我和其他人都是一樣的。我全身充滿了活力，和所有人一樣有個熱情的心、聰明的頭腦和願景。我的藉口和貶低自我是怎麼回事？我決定不再讓恐懼干預我的夢想，就像令人討厭的殘留物剝奪我希望擁有的生活。**恐懼使夢想的人生顯得遙遠。**

我想到了我的人生因為恐懼而浪費了多少時間：我和朋友在電話中數個小時的長談，還花了好幾個星期瀏覽領英（LinkedIn）的個人資料，懷疑自己是否能像所看到的人一樣有趣，所有這一切。你一生中有多少時間是因為恐懼而失去的？我想知道若能找回那些流失的時間，我會怎麼做，我也領悟到如果不再屈服於恐懼之中，這些都是我的寶貴時間。我下定決心，所有的錯誤、所有的不安、所有的失敗，對我來說都是值得的，如果我再不拿出女性的勇氣，我將永遠無法擁有自己的理想人生，而是受到人生宰制。

我意識到，很多時候我們感覺到一股能量在身上流動，一種或許可以稱之為「恐懼」的能量。但是，如果我開始將此瘋狂能量稱之為「興奮」呢？想想看，恐懼和興奮引發的反應其實很相似：心跳加快、神經緊張、精力變化。孩童時期，我們都把這一切視為興奮感，後來在不知不覺中，這種情緒標籤變成了恐懼。如果我改變對那種感覺的看法呢？我是在妄想、還是會受到激勵？

我連上機場的Wi-Fi，仔細瀏覽了洛杉磯的招聘廣告。令人驚奇的是：完全沒有反恐相關的職缺。我在飛機上睡著了，到了飛機降落時我哭了。我腦海裡響起了一股聲音：「無憂無慮的日子已經結束了，艾希莉，是時候賺取微薄的薪資，與經濟衰退搏鬥了。」我在過海關時，收到我老爸傳來的簡訊：「歡迎回家！我們在外面等著迎接妳，愛妳的老爸XO」

哈哈，我老爸超熱情的簡訊總是能逗我開心。看到他站在機場，我笑了，他手裡拿著我所見過最大的手寫標語，上面寫著「歡迎回家，艾希莉！」他開心地像中了彩券似的。天啊，爸爸們；他們總是贏得女兒的心，不是嗎？

我睡得像塊石頭，早上六點醒來，準備好挑戰世界。事實上，雖然我覺得自己很「平凡」，但我自認為我已經為職業規畫做了萬全的準備：我拿到了學位、學了外語、也做過實習等等只要能想得到的。那你呢？你為自己的事業努力做好準備了嗎？如果還沒，不必覺得丟臉，要知道一切永遠不會太遲。

高度企圖心，但一切隨緣

在接下來的四個小時裡，我馬不停蹄地申請了二十八份工作。當我開始幻想在不同的申請工作中自己的模樣時，我被各種可能性激發了活力。我當時不知道，但如今身為一名職涯顧問，我可以告訴你，這種幻想是一種期待和求職的自我毀滅行為。這是我在聖塔莫尼卡大學時期學到的口頭禪「保持高度企圖心，但一切隨緣」。聽好，花一點時間想像自己在特定工作中的模樣並沒有錯，但是短暫地幻想一下就夠了，要適可而止。此外，要有目的，全心投入其中，對一切抱持開放、但凡事不強求的心態。為什麼？因為太過執著會讓你過渡期待一些你甚至不確定是真的東西。你可曾沉浸於幻想自己在某個工作的人生？我的朋友，那是很耗費精力的事！另外，如果你有那麼多時間沉浸在某份工作的幻想中，那代表你申請的工作不夠多。對我來說，好的求職精神意味著你要努力曝光尋找很多機會，而當你聽到回音時，幾乎都不記得自己曾經申請過這份工作。記住，人生是一場數字遊戲。

由於歐洲時差的關係，我第二天起得很早，立刻跑到筆記型電腦前查看電子郵件。連咖啡都還沒喝，我太期待能夠立刻收到申請公司的回音。點擊著收件匣，我的希望破滅了，並沒有任何新郵件，只除了一封當地咖啡店提供假期旅遊馬克杯特價的信。大約兩個星期了，我還睡在父母的沙發上，一直幻想著有什麼可能性，直到我再也忍受不了沒消沒息的狀況了。

你是否也曾在求職過程遇到過麻煩，納悶究竟有沒有人看過你的申請呢？我了解你的心情，我的朋友，這是最糟糕的時期。我對未來前途感到無能為力，懷疑這是否會成為我的新常態。我想到在我讀研究所時就找到工作的那些朋友們，他們似乎對自己的工作很滿意，更重要的是，他們知道自己的人生方向。如果說這些年來我在個人發展方面學到了什麼，就是明白有所進步才是最能讓人感到快樂的。一無所有的感覺很痛苦，覺得好像其他人都與我擦身而過。

「只要有工作上門我都會接受……我只需要……先找到工作再說。畢竟，有總比沒有好……也許我應該開始與家人和朋友建立聯繫了」，我一邊喝咖啡一邊和老朋友凱拉訴苦。我開始相信一些求職迷思，後來才明白這些是最糟糕的。

打破求職迷思

迷思1：「有什麼工作上門就做什麼吧」

要相信工作機會是無所不在的……因為事實的確如此。一切只是一個數字遊戲，你必須接受。即使在新冠疫情隔離期間，客戶也會告訴我，也許他們在找工作時應該要「退而求其次」，但是要知道：還是有公司在招聘新人。此外，最好的工作並不總是給資歷最好的候選人，而是給了最好的求職者。意思就是，擁有求職技能的人幾乎總是勝過常春藤名校的履歷。

迷思2：「先取得立足點再說」

你有沒有接受過一份工作，心想先利用它取得立足點，之後再換到其他更好的工作呢？我不想破壞你的幻想，但是如果你只是為求有工作而接受一份職務，你就不會為自己真正理想的工作做好準備，而是將自己侷限於不適合的工作中。記住：如果你日後想換個理想工作，你在入門的工作上耗費的那幾年所學到的東西，很可能是你和未來的雇主並不需要的技能。**如果你真想「先取得立足點再說」，最起碼要找一份與你的理想相關的工作。**想要騎驢找馬，再慢慢換到理想工作，就像希望你點餐的沙拉會變成甜甜圈，我保證這是行不通的，這是出自我個人的親身經驗。

畢竟，很少有人會想把私人助理變成行銷經理。他們希望自己的私人助理，請來一點鼓聲……就是私人助理。找一份工作先取得立足點再說會讓你很快陷入困境。相信我所說的，你在埋頭苦幹做一份你不想要的工作時，你在公司真正想要的職位總有一天會開缺。公司裡的人可能喜歡你，欣賞你的活力，但總是會把你看作是「助理」、或是任何你當初希望日後能內調而接受的職務角色。如果你真要接受一份工作，最好是在你理想的工作領域內。如果你想做市場行銷的工作，務必要在行銷團隊內的職務。如果你想要進入傳播領域，一定要加入傳播團隊。寫到這裡時，我敢打賭你覺得這聽起來像是常識，因為事實的確如此啊。

迷思3：「與家人和朋友建立聯繫」

我在這段時間裡犯的另一個錯誤是，在建立人脈方面過於看重家人和朋友的關係。我的意思是，你告訴我吧，你朋友的爸爸要招募新人，正好是你想要的工作，能運用到你的核心本質、核心技能和核心價值觀，最近的一次是什麼時候？可能從沒發生過。這是因為好的人脈通常是冷淡的人際關係。這聽起來可能很嚇人，但是，如果你知道如何在交談中自我行銷，並打造完美的電梯簡報，即使是陌生人也會變成熱心的聯絡門路。當你清楚自己想要什麼，並且刻意與人接觸時，你的求職就會有奇蹟發生。所以，不要再費心和高中同學的媽媽建立人脈了，而是要讓你的談話更有針對性。我也要再次重申，你永遠不知道你在和誰說話，就如同那天晚上計程車司機班尼震撼了我的世界一樣。順道一提，他最後幫我在白宮安排了一次會面。

迷思4：「有工作總比沒有好」的心態

我領悟到，「找到命中注定的那一個」，**無論愛情還是工作，並不是指找到「合適」的那一個，而是要對不合適的說「不」**。意思就是，選擇接受一份非你理想的工作是要付出代價的，它會讓你沒有時間去尋找你真正想要的工作。在工作機會學院我告誡學生，**最好把找工作當成一份專職工作**。

有什麼好處呢？那些專注於工作機會學院求職公式的學生通常在幾週之內就能得到多個工作機會。這並不是說你找工作時不能夠慢慢來，而是說世界對你辛苦的努力和專注會給予回報的。我知道你心裡或許在想著，「我不能沒有工作啊，我需要賺錢，而且是迫切的需要」。相信我，我是過來人，我明白這種心情。但沒有人說你在求職期間不能先做兼職來應付開銷啊，很可惜我在求職的時候沒有想到這一點，但話又說回來，凡事皆有因果，不是嗎？

在我辛苦求職進入了第四個月之後，收到一封電子郵件，主旨寫著面試機會。那是一個廣告代理商的行政助理工作，雖然我從來沒想過要進入廣告界，但我很興奮，期待每天早上可以出門工作的機會，並抱持著「有工作總比沒有好」的錯誤信念。我立即回覆了我的空檔時間，他們隔天叫我去面試之後，當場通知我得到這份工作時，我大吃一驚。誰會想到我竟然會對這個薪水不高的工作那麼興奮？原因是我當時覺得自己沒什麼價值。

成功人士的祕訣

事實上，我認為自己是極度普通的人。我以為也許在職場上的工作可以證明我這個人的價值，我後來才明白，**關鍵是求職期間要多一些自我價值感，而且不要太心急**。知易行難，對吧？沒錯。但這是我對世界的體悟——「每個人都有一個天賦」。這聽起來很俗氣沒錯，但卻是事實。**那些大膽、快樂、有人生目標的人與眾不同之處，在於他們決定不接受現狀，相信只要自己想做就有可能成功，他們不願意「勉強忍受」，寄望幸福會自動找上門**。他們也會願意探索自己有天賦的可能性，找出他們能夠有所表現的地方。他們會致力於發掘那種天賦，也就是說，通常會拒絕不適合的機會，或是明白目前的工作並不適合自己而開始尋找新的出路。我那時頭腦並不清楚，沒想到我也可能實現這種滿足感的。

廣告助理的工作

開車進入普雷亞維斯塔（Playa Vista）地區接受公司面試時，我必須承認我立刻被打動了。創意辦公室和公司果然知道如何令人留下深刻的第一印象。建築物的感覺也是吸引你決定到此工作的因素之一嗎？事實是，雖然一些時尚的室內設計可能有助於提升心情，但（為了你長期的職業發展）沒有什麼比能夠提升核心技能的工作更為重要。建築物的外觀色彩繽紛，前面停滿一整排的豪華轎車，說明了這個地方正在蓬勃發展。中央有個美食廣場，還有室內樹木、籃球場（沒錯，是真的），外表光鮮亮麗的人來來去去，都有自己的目標。

第二天，陷阱已被設下……我開始了在廣告界的工作。走遍前門，我注意到在這行業中掌權的人──「創意人士」，這是在廣告公司高階主管的稱號。我感覺自己有點像迷失在北極的巨嘴鳥，努力在尋找陽光。在研究過反恐怖主義、學習了三種不同的語言之後，我失望地發現這些技能在這裡一點都不重要。你可曾努力取得一項技能，在自己的工作中卻派不上用場？感覺很失落，不是嗎？在廣告界裡，創意構想才是王道，不是外語能力，也不是亮麗的碩士學位，創造力勝出。這讓人感到某種自由，也令人害怕。

新工作的第一天感覺很像去上學的第一天——很不自在。我見到的每個人都熱情地歡迎我加入，這點讓我對自己的決定感到安心，因為我已經完成了我所設定的目標——有什麼工作上門就接受吧。換句話說，我的處境悲慘，而我當下毫無自覺。

「早安，我是唐娜，公司的首席助理。我會負責照看妳，向妳解說工作內容，妳知道的，確保妳遵循一切規矩才能繼續留下來，否則的話……嗯……妳知道後果，不用我多說吧？」她盯著我看，我們之間沉默了片刻，她才微笑著交給我一個文件夾。此時公司的總裁——她的老闆——從我們身邊走過，我興奮地問道，「妳能介紹我給她認識嗎？」

唐娜驚愕地看著我。

「當然不行」。她繼續說道，「你在公司裡只不過是一名小小的助理，又不是創意人員。我的職責是保護老闆的時間，我不希望妳去打擾老闆」。我試圖掩飾我的尷尬，同時對唐娜的一絲不苟和焦慮有點同情。剛加入新團隊那種熱情友好的感覺，在我見到她的那一刻消失殆盡。

「這是妳今天的任務清單，我午飯過後再回來看看妳處理得怎麼樣。」

我興奮地抓著工作清單，隨著她走到我的新辦公桌。我盯著桌上所有的文具用品，感覺這個小隔間是我神聖的避風港，在那一刻，就像是跨入了成年的門檻；我當時並不知道，我日後會感覺這裡像是囚牢。當她走開時，我看了她遞給我的工作清單：

就在這一刻，我意識到了在這工作職務的痛苦，這個角色只不過是撿別人剩下來不要的，我

> 計算儲藏室中螢光筆和彩色鉛筆的數量。
> 按日期順序整理差旅收據，印出費用試算表。
> 編輯明天上午 10:30 銷售會議要用的投影片。
> 下午四點有會議，為所有創意人員準備咖啡。

的存在只是別人的附屬品，沒有任何讓我發揮個人創造力或大腦思考的餘地。你是否也曾有過這樣的感覺，好像無法在工作中貢獻自己的實際價值？更糟糕的是，我的工作對公司來說好像可有可無，就算我第二天不去上班，世界也不會有什麼不同。

我感到一種前所未有的無意義感。我那時還不知道自己最終會搬到華府、或是會成為企業家，當下對未來的茫然令我害怕。我靠在椅子上，想到了馬克思*（Karl Marx）的論點，認為工業革命是終結的開始，因為世界從藝術家體驗製作整張椅子帶來的滿足感，轉變為工廠的裝配線生產，工人如今只要專注於椅子的一小部分，比如椅腳❸。對我來說，我甚至不負責製作椅腳……我在為負責製作椅腳的人手下的工作人員跑腿買咖啡。我覺得我的工作毫無意義，覺得自己一文不值。我開始懷疑：如果我不在這裡上班，我可以去哪裡呢？痛恨自己的工作是一回事，我還能應付，但我不能面對的是下一步不知該何去何從的痛苦和絕望。

三種類型的人

對於做出改變一事，我注意到世界上有三種類型的人。第一類是**改變者**（change-makers）；當他們注意到自己對某事缺乏熱情，開始覺得很痛苦時，這種無力感就會激勵他們做出改變。其次是**夢遊者**（sleepwalkers）；這種人不會注意到自己痛苦的呢喃，只會突然醒來感到痛苦、不知所措、迫切地需要改變。第三類則是**否認者**（deniers），他們看到了自己的痛苦所在，但卻覺得沒有勇氣，也不值得正視問題並做出改變。我就是屬於第三種人，我的成年轉變似乎就是學會了愛自己，最終選擇成為一個改變者。你是哪種類型的人呢？你如何看待痛苦進而改變生活呢？你是不是會迅速採取行動（改變者）？還是根本沒注意到痛苦（夢遊者）？或是會選擇刻意忽視（否認者）？

關注自己身體的感覺

在那一天，我意識到自由取決於我對未來自我的投資，做一些能激勵自我、有益自己未來的

＊編按：卡爾・馬克思（1818-1883）猶太裔德國哲學家，最知名的著作為《資本論》、《共產黨宣言》，馬克思主義創始人。

事。當其他一切都失敗了，你不知道下一步該何去何從時，跟隨自己靈魂中感覺良好之事是很重要的。你有沒有想過什麼事能激勵你，更重要的是，什麼人能激勵你？你跟有創造力的人在一起時有受到鼓舞嗎？你是有效團隊中充滿靈感的一部分嗎？根據史丹福大學（Stanford University）的數據，六〇%的創意靈感都不是在工作時產生的[4]。當你處於自己的自然狀態中、或是完全放空時，靈感就來了。對我來說，我的自然狀態就是寫作、在教室裡、執行一個計畫、哦，還有，不管我有多累都要去上嘻哈舞蹈課。那就是我。

現在的問題是，你如何才能了解自己的身體，知道怎麼樣才算是感覺很好呢？在一個充斥著網路巨魔、簡訊和推特的世界裡，數據正式介入：人與人之間已經變得如此緊密連結，因此在不知不覺中失去了真正的聯繫。我們以前都聽過：「做自己喜歡做的事，財富就會跟著來」，或是，我最不喜歡的自我提升運動的標語「追隨你的熱情」。這些說法往往是一條通往失敗的快速道路。然而，當你真正學會與自己的身體連結，融入讓你感覺良好的事物時，你就有能力改變自己的生活。當你所做之事讓身體感覺良好時，你的目標往往就在眼前，要不就是離你不遠矣。

對我來說，後來選擇搬到東岸從事反恐工作讓我感覺很好。在追尋過程中次要的好處是，我成了很厲害的求職者，進而激勵我幫助別人找到他們的理想工作及目標。另外還有一個更次要的好處是，我踏進了我畢生最大的夢想之一，寫了這本書。在一個「五年計畫」的世界裡、不必要的學位、在企業界努力向上爬，我們全都在努力實現一個不切實際的目標：追求完美。但是二十五歲的你並不見得等同於三十五歲、甚至四十五歲時的你。正因如此，**把你的職業看作是人生每一個階段的實驗是很重要的**。也就是說，寫下你對未來職業發展的所有想法，當你想到每一個可能性時，關注你身體的感受：你感覺到自由伸展還是受到壓迫？快樂還是恐懼？興奮還是害怕？窒息還是解放？深入探索，傾聽你的身體和靈魂所發出的訊息。

開始寫下快樂日誌

你有沒有費心注意過每天有什麼事讓你感到快樂？可能沒有，對吧？因此，在我的職業發展過程中我發現最強大的工具之一，正是我以前的治療師艾麗莎建議我寫的快樂日誌。當你感覺迷失自我、沮喪或孤獨時，花三十天的時間寫下每天最讓你快樂的時刻，不管是你在廁所排隊時的閒談，還是在你主持的工作會議中……這個練習攸關了你在一天活動時所體驗到的快樂，認清那些時刻，將之記錄下來。三十天結束之後，再從你的日誌當中尋找模式。捫心自問：當我最受到鼓舞時，運用了哪些核心技能？這麼做是為了讓你獲得更多快樂、更多幸福，最重要的是，讓你運用與生俱來的天賦。畢竟，當你感到身心合一時，你便安於真正的自我存在。

既然工作沒有辦法讓我感覺到真實自我，我便在工作之餘全心投入其他能夠「找回」自我的事物。我希望工作之外的靈感能夠帶給我一整天的精力（這招確實很管用！）。我報名參加了加州大學洛杉磯分校的阿拉伯語初級班。這麼做讓我感覺很不錯，但我渴望更多，於是開始關注線上知名的嘻哈舞者，我會戴著耳機，跟著他們的 YouTube 影片跳舞當作鍛鍊身體。我知道，如果你在朝九晚五上班期間感到痛苦，下班之後很難找到靈感。但是，相信我，那靈感就是你的救贖，它會給你答案……還有動力。根據《普通心理學評論》（*Review of General Psychology*），一開始的成功會激發出更高強度、頻率和持久毅力去取得未來的成功。成功會孕育更多的成功機會和心理動力[5]把它看作是骨牌的連鎖效應；從嘻哈舞中獲得的一點靈感活力，連帶使我在生活其他方面都受到鼓舞、更有動力。正如牛頓第一運動定律所說的，靜者恆靜，動者恆動。所以嘍，動起來吧！動機和採取行動是一個正回饋循環。

這個練習開始起作用了，我開始覺得自己又回到了從前，或許可稱之為放鬆、天賜、或是放手的結果，我突然想到了一個超棒點子，就好像是來自職業之神的提點：**我應該發一封信給我的學院，索取一份畢業後搬到華府的校友名單**，或許他們可以提供給我。畢竟，在華府的人多少都從事與政府部門相關的工作，而那份清單可能會是一座金礦。此時此刻，我更害怕自己會一輩子都困在一家廣告公司做助理，領取最低工資，打電話給華府成功人士的尷尬也就不算什麼了。

繼續敲門，總會有一扇門為你而開

我向學校索取校友名單一個小時之後，便收到了一封回覆郵件，附件正是住在華府的兩千名校友的姓名和電子郵箱。在我工作之餘，除了晚上學習阿拉伯語，跟著影片跳嘻哈舞，我決定給每一位校友打電話，不管花多長時間都要完成這份清單。所以就這樣，我利用吃午飯時間，打電話投資我自己的未來。我永遠不會忘記最好笑的一個：

我：「嗨！我是艾希莉，我畢業於雷德蘭茲大學，發現你在校友名單上。我正在華府找工作，希望你能幫忙發送我的履歷」。

校友：「滾一邊去」。

我聽到電話那頭掛斷了，不禁苦笑，我猜那傢伙今天很不順心，沒心情幫助畢業校友。雖然這通電話並不如我預期的順利，但給我上了很寶貴的一課：**你在試圖建立人脈時，不要告訴別人你正在找工作，而要說你正在「尋求轉型」**。說你正在找工作會讓別人覺得你要求幫助（或即將開口）。絕對不要請他們幫忙你傳送履歷，反之，問問他們是否有任何建議讓你在 x、y 或 z 公司脫穎而出。通常，如果你的履歷不錯的話，他們會主動幫你傳給別人，因為他們知道透過介紹才是脫穎而出的最佳管道。

每次午休時間，我都能打到五至二十通的電話，最後我不禁注意到在我們生活的世界裡，你莫名其妙打電話給別人時，人們會覺得隱私受到侵犯。這點促使我開始改發電子郵件，我覺得很興奮，因為可以一次發出很多封郵件。我有從中學到了什麼密技嗎？個人化每一封郵件！我希望還有更簡單的方法可以讓你試試，但這是最有效的一招。

用心尋找，機會無所不在

在接下來的一週裡，我成功發送出八百多封個人化的電子郵件，並收到了其中八十封的回覆。一〇％的回覆率正好說明了求職真的是一場數字遊戲。我開始安排電話，第一次學習到如何與招聘人員和人資經理交談。最重要的是，它給了我勇氣，讓我相信還有更多的機會等著我，敢於冒險、開口尋求幫助的勇氣，還有接受失敗的勇氣。最棒的是體認到世界充滿了機遇。我開始看到機會，有如呼吸的空氣，無所不在，我要做的事就是抓緊機會，因為好的機會稍縱即逝，我不能期望機會莫名奇妙地自動上門。

我知道大多數校友都住在東海岸（比加州時區早了三個小時），所以把電話時間安排在別人下班之前比較可能接電話的時段。我甚至在太平洋時間早上八點，也就是我去上班之前打電話，希望華府的一些人在午休時間有空接聽我冒昧的來電。這整個過程充滿了拒絕，但得到的勝利是值得的。他們給了我繼續向前的信心，直到今天，我還和那段時間交到的一些朋友保持聯絡。這一切都歸功於一個絕妙點子，在我開始從事一些讓我找回自我、更符合核心本質的活動之後，突然靈機一動要求這份校友名單。很多時候，我們不斷地尋找機會，卻沒有想到也許有這麼一個地方可以讓我們一次找到很多機會，這份兩千人的校友名單正是如此：我透過一封電子郵件找到了很多機會。

經過了幾個星期，我給名單上的每個號碼都打了電話，也發了一封電子郵件給每一個人，我不禁注意到華府有許多人都願意向我伸出援手。我曾經認為自己沒什麼可以提供別人的，我只不過是一個普通的行政助理，在最低工資的人海中掙扎求生，我對他們來說微不足道。在這段人生當中，**我體會到人們天生就很善良、慷慨。我還發現人們本能地知道我是個積極進取的人。這正是成功的祕訣：做一個積極行動的人。**

每個人都在尋找活力和職業靈感，讓你的追求過程充滿勢在必得的決心，因為，當你就要成功崛起的時候，人們會感受到的，也會想成為你人生旅程的一部分。

不顧一切，傾聽內心的聲音

這點激勵我去冒職業生涯中最大的風險之一：在身無分文的情況下，辭掉工作，從西岸搬到東岸去。

「老爸」，我說，「我要搬到華府去，加入中央情報局，運用我在倫敦大學國王學院的學位從事反恐工作」。

我老爸在餐桌上差點被炸雞噎住了。「妳說什麼？」他問，用餐巾紙清了清嘴角。

人生中，有時會遇到這樣的時刻：內心深處想要不顧一切、違背理性思考，想對某件事情採取行動。我發現自己心中那股「敦促」的聲音，在過去幾年裡日益強大。事實上，當一個人覺得迷失自我時，我相信正是因為不願傾聽自己內心敦促的聲音，或許是因為恐懼、因為錯誤的信念、或是因為聽從別人的意見。我內心這股敦促的力量，賦予我一種天生的能力，要我毫不猶豫地相信自己的直覺。但話說回來，當你和父母坐在餐桌上爭論時，說起來容易做起來難。

我老媽很快插嘴，臉上帶著恐懼的表情：「絕對不行，妳不能搬到東岸去」。

我看著她，充滿了自信，比以往任何時候更貼近自由的感覺，「老媽，不管妳支不支持我的決定，我都要去」。

我傾身向前，直視他們的眼睛，最後說：「老爸、老媽，我必須這麼做，我知道這聽起來很瘋狂，但這是我必須做的。我很遺憾你們不認同我這一步，但我明天要跟公司提出離職。如果你們願意支持我的話，我會很開心的」。

我老媽哭了，我老爸卻笑了。常常有人告訴我說，我是他的迷你版，他自己也是愛冒險的人，所以無法阻止我開始自己的冒險生涯。

我們每一天平均做出三萬五千個決定，在八十年的平均壽命中，總共是十億兩千萬個決定。人的大腦是不是很不可思議？有趣的是，在我們的人生當中只有少數的幾個決定，也許是十到十五個，大大地影響我們的生活[6]。根據研究顯示，改變人生最重要的決定包括選擇生活伴侶、職業生涯規畫、以及生兒育女。其中影響最深刻的是，大多數都發生在二十八歲之前[7]。

此時此刻的這個決定，對我來說就是其中之一。正是那些時刻讓我深情回首，那些令我輕易下了重大決定、將我的職業視為一場人生實驗的時刻。你的重大決定都是經過內心劇烈的掙扎嗎？是什麼理由讓你覺得難以抉擇？關注你的身體感受，你會注意到「是」或「否」的答案已經在那裡了，在你的神經系統裡等待你去識別它。我以前總是讓恐懼阻礙我的行動，但如今我已經學會了實踐勇氣。正如一位人生教練丹．蘇利文（Dan Sullivan）曾經對我說的：「**恐懼會讓你嚇得尿濕了褲子，勇氣則是濕著褲子去做你應該做的事。**」

職業生涯掌控在自己手裡

第二天，我走進辦公室，準備永遠離開廣告界。唐娜帶著她的日常瑣事清單來找我，我跟她說我需要和她談一談。

「唐娜，很抱歉佔用一下妳的時間，但我，呃……我想提前兩週給妳離職通知」。

她厭惡地看著我。

「妳知道自己在做什麼嗎？這可是世界最頂級的廣告公司，妳要說走就走嗎？」

一股羞愧的感覺湧上我心頭，為有夢想而羞愧、為自認為我能實現更大的目標而羞愧。不管怎麼說，我還是不顧一切決定這麼做。我內心的一小部分，那一股人人都有的智慧聲音，知道我在某方面是有天賦的，知道有一番偉大事業在等著我。我不知道我能否在華府找到「它」，但我知道我需要努力去發掘，這將是我人生實驗的第一步。再說，我對於搬到華府不安的感覺，永遠比不上在唐娜手下戰戰兢兢工作的痛苦。

總裁在我們談話時走過來，看著我，好像我是外國人似的，儘管我在公司已經待了八個月。

「嗨」，她以專業的態度問道，「妳叫什麼名字？」

「我是，呃，艾希莉。我的名字叫艾希莉。很高興見到妳，我一直想和妳打個招呼」。

「那為什麼妳不這樣做呢？」她困惑地問我。唐娜的焦慮感瀰漫在空氣中，她在桌子底下踢了我一腳。她的老闆看著她……被逮個正著。

「妳剛才踢她了嗎？」她問。

我打斷了她，「我知道妳很忙，不想浪費妳的時間打招呼。很遺憾，我現在要給唐娜提前兩週的離職通知」。

「噢，妳應該來打招呼的，我喜歡見見我們年輕的天才。很遺憾聽到妳要離職了，打算去哪裡高就呢？」

她好奇地微笑聽我訴說我過去六年反恐怖主義的學經歷、從一所頂尖學校取得碩士學位、還在加州大學洛杉磯分校的夜校學習阿拉伯語。

「我們為什麼只請妳當助理呢？聽起來妳腦子裡很有料啊，我敢打賭公司的創意團隊會想要好好運用……如果妳想回來工作就告訴我吧」。

她的老闆離開之後，唐娜沉浸在痛苦的沉默中，此時我才領悟到一個事實：除了我自己，沒人能掌管我的職業規畫，再也沒有人能阻止我自信地與人打招呼了。除了我，沒人能掌控我的快樂。而快樂，就像明確感一樣，來自於發掘真實自我和擁有自信心，就從你願意探索和實驗職業開始。我再也不會被動等待事業發生在我身上、等待我的年度考績受到關注、等待機會向可能幫助我的人打招呼、等待人生的發展。我下定決心，**我以後都要自己選擇讓事情發生，並決定自己的職業生涯**。從那時起，我完全不介意走到任何人面前打招呼。相信我所說的，一句簡單的「你好」能夠開啟許多魔法之門。

這多少意味著讓過去成為過去。雖然有一部分的我想把握公司總裁給的機會，但我知道我不想待在那家廣告公司。那一部分的我是人人都有的內心安全機制，只關注我們在世界上該如何生存，但我不想再只求生存了，我想要成功發展。我知道這代表我得真正放開這條路，而不再有任何執著。除非你騰出空間，否則人生不會發揮魔力。我知道我必須搬家，開啟新的一頁，如此才能為我的事業和人生創造出更多的藝術。

大事來自小小的郵件

兩個星期之後，我搬到了華府，在一排漆成紅、白、藍三色的房子裡租了一間房間。還有比這個更有華府特色的嗎？這房子就位在我上研究所前的那一個月，在憲法大道住的排屋旁邊。一年半前才在此地完成一個月的短期課程、認識了上校，如今重回華府，讓我有點懷舊之情。雖然我還沒有工作，但我已經準備好建立人際關係，直到找到命中注定的工作為止，而不再只是為了生存而工作。

我喜歡追求偉大的事，卻從來沒想過這會讓我最終發展成為一個 Podcast 主持人、演說家、求職專家、作家、以及網路最暢銷的求職訓練課程創建者。誰知道我到華府找工作的經驗會變成幫助人求職的事業呢？當你追隨感覺良好的事物時，目標若非就在眼前，也離你不遠了。

我的冒險之旅始於抵達華府之後的第二天安排好的三場咖啡面談。一天三場會面感覺似乎很多，但在轟炸了八百封電子郵件之後，我現在已經累積了至少一百個會面邀請。我很早就上床睡覺，以便可以早點醒來，找到去喬治城的路。事實上，我太興奮了，早上五點就起床準備九點的會面。不用說，到了早上九點，我的頭髮已打理得十分完美，我小跑經過白宮，準備去實現我的夢想。

成功就是做別人不願意做的事

在六個星期的時間裡，我的八十場會面變成了兩百場，地點是全區十四家咖啡店，感謝所有好心人，把我介紹給任何他們認為可以幫助我的朋友。我真的變成城裡最愛喝咖啡的女孩，和華府形形色色的人碰面喝咖啡，無論他們的職業高低貴賤，一律來者不拒。我決定要與眾不同，不墨守成規，相信世界上總有我的機會。朋友啊，你也一樣總是有機會的，有成功發展的機會，不見得一定要有頂尖的學歷、或是體面的工作。

事實上，成功就是願意去做別人不願意做的事……大多數人都不想要感到不自在。然而，當你只是對生活略感興趣或涉獵不深時，你會繼續做對你方便的事。只有在你下定決心全力以赴時，你才會不惜一切代價，奇蹟才會因此出現。偉大看起來就像一個熱切的渴望，想要努力追求。我發現人生中需要某種程度良性的痛苦才能獲得滿足。否則，你只會躲在舒適圈，永遠不會有什麼神奇或新事物的發展。

不可同日而語

在那六個星期裡，我得到了三份工作，每一份年薪都接近六位數。就在這一刻我真正意識到，我想要成功的話，並不能指望我的經理付給我「我能力應得」的薪水，相反的，**只有在我真正重視自己、勇敢去創造選擇機會時，成功才會實現**。意思就是，不管過去發生了什麼，我都要相信自己值得更好的一切。我不必帶著洛杉磯行政助理的身分來到華府，我可以把她留在過去，或者更棒的是，我可以在她身上選擇我想帶走的部分，變成我想成為的那個人。我未來的新角色是一位領著將近六位數高薪的主管，負責我前文提及的那個五角大廈的計畫。

這家承包公司的總裁懷疑地看著我，警告說：「這份工作雖是管理階層的職務，但需要一個充滿熱情和活力的人，要準備好凡事親力親為，而不是把一切都委託給別人。妳有精力應付嗎？責任也很重大的，妳知道妳要管理的是一份八千萬美元的契約」。

我就像一隻準備好接招的小狗看著他，好像看到夢想即將實現，我心想，遊戲開始吧！同時對他說：「老闆，我不會讓你失望的」。

人生轉向 9

停止丟履歷表，開始拓展人脈

這次的華府之行教會了我關於求職的一切知識，最重要的是，建立人脈是我人生的黃金門票，不一定是在社交活動或會議上，也可以發生在咖啡店、雜貨店、甚至在飛機上。事實上，我永遠不會忘記我在早期發展求職訓練課程時，在某家餐廳排隊等上廁所時找到的三位新客戶。**建立人際網路代表的是，你的思想和心靈總是樂於與人進行對話。如果你願意將它視為一種日常生活習慣，每天早上醒來都能敞開心扉迎接下一次的對話，你的職業生涯就會一路飆升。**所以，對於那些告訴我沒有任何聯絡管道的人，我的答案是自己去創造。去散散步、去雜貨店、排隊上廁所等等，決心與人交談。

實際應用

我沒想到的是，我搬到華府時想出的求職方法，最終會成為我工作機會學院課程的基礎。

第一步：瘋狂搜索 LinkedIn 上的資料

如果你不想靠朋友貝琪的媽媽隨意給你的工作，而是想找到一份真正理想的工作，那就想出三到四個關鍵字：兩個與你的核心技能相符（例如，以我自己為例，傳播溝通、寫作或口說能力！）再加上兩個與你的理想行業或核心興趣相符（例如，我喜歡的旅遊、政治或時尚！）。

進入 LinkedIn 的進階搜尋，總是在關鍵字的部分輸入兩個字或詞組，最多不超過三個。其中一個一定要與技能相關，例如「財務建模」，或是我的「傳播溝通」，而另一個一定要與興趣相關，例如「時尚」。興趣的輸入不要超過一個，以確保你的搜尋結果能深入且集中。

開始研究出現的個人資料，並注意最能啟發你的那些人。注意這些人什麼地方最吸引你，並開始建立一份引起你注意力的公司或工作清單。這是我在職業訓練課程中最喜歡的一部分，我通常會和私人客戶一起進行，檢視他們感興趣的個人資料，並找出感興趣的關鍵原因，以此確認他們最佳的職業選擇。

第二步：列出目標公司的名單

當你幾乎達到搜尋極限，開始覺得自己像個可怕的 LinkedIn 怪物之後，就可以開始列出你最想去服務的公司了，最多一百家與你的核心本質和核心價值觀最為吻合的公司。此時你應該已從其他專業人士那裡得到很多靈感了。

第三步：找出適合個人核心技能的去處

研究一下你名單上的每一家公司，弄清楚你最想加入哪一個團隊。這代表你要擺脫「有工作上門就做」，或是「有總比沒有好」的心態，而是要讓職位選擇符合你的主要核心技能。

第四步：在每家公司鎖定兩個關鍵的聯絡人

一旦你弄清楚哪些團隊最能讓你發揮技能，再次利用 LinkedIn 的進階搜索功能：

- 將你名單上的一百家公司，逐一輸入在「公司」的欄位。
- 輸入你理想工作地點的郵遞區號。
- 輸入一個關鍵字，能讓搜尋引擎找出該公司符合你理想的團隊成員。

從那裡，你應該要找出兩個關鍵的聯絡人：人力資源部和你的潛在老闆。要聯絡的潛在老闆位階不宜太高，否則你的郵件會遺失在他們的快速掃瞄當中、或被視為不相關；也不該是公司組織位階太低的人，這會使你與他們競爭同一份工作。初級求職者應該把經理視做為他們的潛在老闆；中階層經理求職者則應該以董事或副總裁視為潛在老闆。寫下你名單中每一家公司潛在老闆的名字。

至於人力資源聯絡對象則比較特殊一點。對於員工少於十人的公司，可能沒有人力資源人員。好吧，即使那些宣揚「我們沒有階級制度」的初創公司，也可能沒有人力資源人員。所以不要拘泥於此，但還是要留心、刻意找尋可能的人力資源聯絡對象。如果找不到的話，光是潛在老闆的名字就足夠了。

第五步：找到他們的電子郵件

如果你想在 LinkedIn 上直接私訊這些人訊息，我是會哭的。為什麼呢？因為你一定要聯絡得上這些人才行。意思就是，你要知道 LinkedIn 就和 Twitter、Instagram 或其他上百萬個需要登入的平台一樣，這代表他們不見得會每天登入或是真的關注它。因此，我建議你直接發郵件到他們的電子信箱，這是他們最重視的地方——收發亞馬遜的快遞、到工作郵件、乃至於重要伴侶的訊息。這正是你會被注意到的地方，不論他們是否回覆你。

在工作機會學院，我經常談論如何找到一個人的電子郵件地址，你要知道這是可行的！記住：每個電子郵箱都有一個清楚的結構，比如 firstname.lastname@domain.com，或諸如此類。透過 Google 搜尋「email name@company.com」找到每家公司的格式。例如，如果你想要在迪士尼公司尋找聯絡人，你也知道對方的名字是 Jane Doe，不妨嘗試用 Google 搜尋「email Jane Doe@Disney.com」。文字空格可以讓搜尋引擎生成可填充的選項。如果你不認識公司裡的某個人，可以利用 LinkedIn 進階搜尋工具，在你鎖定的公司裡找出一個從事行銷傳播、或最好是從事公關工作的人。為什麼？公關人員的名字和電子郵件通常最會出現在網路上，而他們的名字將使你更容易破解郵件帳號格式。

應採取的行動步驟概述

- ✓ 選擇兩個符合你主要「核心技能」的關鍵詞。
- ✓ 選擇兩個符合你工作中追求的「核心興趣」的關鍵詞。
- ✓ 在 LinkedIn 的進階搜尋中輸入一、兩個你的「核心技能」相關詞彙，以及一個「核心興趣」的相關詞彙，同時也輸入你理想工作區域的郵遞區號。提醒一下，核心技能詞彙包括寫作、品牌管理、財務、工程、公共關係、組織發展、招聘等。「核心興趣」詞彙包括時尚、電影、彩妝、政治，當然還有其他更多的詞彙。

- ✓ 找出讓你受到啟發的那些人。
- ✓ 列出一百家公司名單（越多越好）。
- ✓ 在每家公司找到兩個聯絡人（人力資源和未來可能的老闆）。
- ✓ 找到他們的電子郵件帳號。

先不要發送任何郵件。收集這些資訊，並切記你想要找工作，但你不是在要求一份工作。相反的，你要開啟一場對話，給美妙的未知一個施展魔法的機會。

寫電子郵件給陌生人是一門藝術。以下是我在工作機會學院課程中的建議，供你參考：

一、當聯絡人打開一封陌生人的電子郵件時，首先會想到的是，「他們是怎麼找到我的？」你在寫這封郵件時，要一開始就表明你如何取得他們的聯絡方式。

二、接著為自己冒昧來信略為表達歉意。為什麼？因為突然出現在別人的私人收件匣有時會令人感覺隱私受到侵犯，雖然這只是建立人際關係，是很多人都習慣做、也應該做的。

三、提出一點真誠的恭維。老實說吧，沒有人不喜歡聽到讚美的。說說你認為他們的工作有什麼激勵你的地方，簡短的一句好聽話就可以了。

四、進一步描述你現階段的職業狀況，以及你接洽他們的主要原因。

五、透過提問來結尾，無論是安排一通電話、還是親自碰面喝杯咖啡。

六、務必附上你的履歷，並且附加說明「隨信附上我的履歷，以便您了解我的背景」。這種說法會讓人感覺你不像是在找工作尋求幫助，反而像是想與人建立聯繫。

與陌生人聯絡一開始可能會令你害怕，但多練習幾次就容易多了。加油！

結語

你覺得建立人際關係或「開口詢問」是佔人便宜嗎？我以前也是這麼認為，我能理解。但是你要知道：**拓展人脈的交流是最高形式的給予，對參與的各方都是如此**。此外，**你認識的人越多，也就可以幫助更多的人**。很多人都不了解拓展人脈的本質，但是對於那些答應與你聯繫的人來說，他們知道在你求職過程中幫助你的價值。他們明白你將在個人事業領域中崛起，而你最終的成功也將有助於他們的成功。**聰明的社交人在你努力向上發展的期間，會將與你的關係視為他們的時間投資**。在我努力建立人脈進入五角大廈的過程中，數百人曾向我伸出援手，我必須告訴你，很多人幾個月後回頭來請我幫忙，我也樂於從命，因為這就是人脈拓展的圈子。當然，在你努力向上奮鬥的同時，也要樂於幫助他人，總是要記得問人：「我要怎樣才能回報你呢？」

拓展人脈不是佔人便宜……而是付出、給予；這只是如今資訊傳播的方式。所以，從現在就開始深耕，不要等到需要幫助時才與人交流，這是最糟糕的。讓拓展人脈成為一種生活方式，每天都與人對話，將之視為人生中持續不斷的旅程，不必一定要像我們想像的那麼重大。

第10章

成功法則——做別人不願意做的事

二〇一三年九月七日

我們以前都聽過這句話：當一扇門關閉時，另一扇門就會打開……或者我最不喜歡的說法：凡事皆有因果，人們常常說來減低心碎的衝擊。雖然這些話都很有道理，但並沒有讓道別與迎接新事物不那麼令人生畏。有些人全心接受改變，有如在冬夜擁抱溫暖的毯子似的，而有些人對改變則避之唯恐不及。**改變是人生中唯一不變的事，對吧？**

正因如此，就像任何事一樣，你如何看待這些關鍵時刻是很重要的。你所做的改變對你個人、或是你的人生所帶來的意義，是很重要的。畢竟，你才能創造自己的現實和幸福。說「我很難過，因為……」、任由外在事物令你沮喪，這些日子已經結束了。朋友啊，如果不是的話，你並沒有真正觸及你的自由。請容我提醒你，你最重要的人生轉向是回歸真實自我。請容我再提醒你，你是如何像小鳥般自由自在來到這個世界的。如果在你的現實生活中沒有那樣的感覺，你就是忘記了自己的自然本質。

有時，我們會鼓起勇氣在人生中做出重大變化，但這個改變的過程卻顯得搖擺不定。看起來像是「呼應」了我們內心的嚮往，然後又陷入舊有模式，回到從前的決定，就好像明明知道不適合還是重回舊情人的身邊。以我為例，我勇敢地離開了五角大廈，結果卻又接受洛杉磯家鄉的另一份情報工作。你在朝著目標前進的途中犯了錯誤，你會苛責自己嗎？

我為接受了另一份國家安全工作的「錯誤」而苛責自己，但我最終明白有些再見是一個過程，而不是立刻就一刀兩斷。接受另一份國家安全工作不見得是個錯誤的決定；這只是我告別過程中的另一步，就像是一對分分合合的舊情侶一樣，戀愛中的每一次分手都成為最後真正分道揚鑣的一部分過程；重新復合也是一種微妙的再見，可以讓他們再次感受到不得不分手的痛苦，因此而慢慢接受事實。

最終，我們都會到達已經受夠了，下定決心放手的時刻，變得更害怕繼續深陷在目前的痛苦當中，而不再害怕面對未知。我們的「錯誤」可能是一次又一次說再見的過程中重要且必然的一步，一直到我們轉向下個新階段為止。

捨棄舊自我、迎接新人生

幾週前在軍事基地握著那把槍時，看來就像是我從此揮別國家安全工作的時刻，其實只是我告別過程的開端。讓我下定決心說再見的，是我的下一份情報工作，那時我在伊斯坦堡（Istanbul）旅行了四十八個小時，在某個潮濕的星期一上午九點四十五分，我穿梭於一條繁忙的小巷，人群中低沉的噓聲越來越大，直到我轉過一個角落，突然間看到坦克車開進抗議的人群中，政府朝群眾施放催淚瓦斯，我的眼睛一陣刺痛，淚水滾滾而下。

在尖叫聲中，我懷疑自己是否有勇氣離開國家安全工作，徹底說再見，畢竟，這是一份高薪的職業，資歷看起來很體面，也保證未來「前途無量」。允許自己探索各種可能性，就像是打開潘多拉漂亮的盒子，因為一旦你開始有了遠大夢想，就會在生命中其他地方都渴望著。我甚至不知道自己是更害怕揮別過去、還是迎接新的道路。

而且，最重要的是，我懷疑我是否有勇氣捨棄舊的自我——雖然不確定是否真心想要，也願意設定目標全力以赴的那個女孩；履歷看起來很棒、經濟也很穩定的那個女孩；願意嫁給交往數年「有保障」的好傢伙，只因「該結婚了」的那個女孩。我就是那個女孩，有著別人欣羨的美好人生，哦，很難向那個女孩揮手說再見……我會不會想念她，抱憾終生呢？

在壓力和恐懼難以忍受的時候，我們通常會劃分我們的生活，或找藉口讓自己處於困境之中。在你的職涯或人生中，你是用什麼藉口讓自己安於困境之中呢？

在伊斯坦堡看著那些坦克穿過人群之中，知道會造成傷亡，我的心都碎了。我忍不住想到自己的死亡，因為在我的內心深處，我正在死去。我沉浸在我的靈性之中，想像著可能有許多靈魂正漂浮在天空中，等著來到這個神奇的星球遊玩。我領悟到我的生命是多麼短暫，既然人生苦短，就不該再追求一些也許並不適合我的願景。

你的動力來源：靈感、還是恐懼？

我知道我的職業生涯可能有兩種途徑：「恐懼」或「靈感」。這是個人的選擇。我可以因為害怕無法擁有我所愛的生活，而繼續追求目標，或是選擇一條純粹受到靈感啟發的人生道路。

在你此刻的職業生涯，你運用的是哪一種動力：恐懼還是靈感？我為之哭泣的那個女孩，那個舊的自我，正生活在恐懼中。她不會是能建立帝國的那個人。她不會是能站在世界舞臺分享故事的人。她不會是你正在閱讀的這本書的作者。雖然她是一個很厲害的求職者，卻還沒有足夠勇氣去探索自己心之所向的人。

我就在那時有了人生轉向的覺悟。我為自己選擇一個新的標準，讓靈感成為我職業生涯新的生存方式。這代表我必須拒絕很多選擇，不再像過去常常因為害怕錯過機會而說「好」，或是擔心如果我不屈就任何事，將無法繼續前進或生存下去。**機會往往是分散注意力最大、最狡猾的形式之一**。如果你選擇靈感做為你職業生涯的催化劑和標準，你今天必須放棄什麼？你會有什麼不同的選擇？

在那一刻，我決定成為我在世上真正想成為的人：一個充滿目標、有衝勁、具影響力、有靈感的企業家和職涯顧問。我領悟到，除非我有足夠的勇氣完全擺脫舊有的自我，和過去身分所建立的整個生活，否則我永遠不可能成為那個人。我也領悟到，我不必完全捨棄舊的自我，我可以保留自己喜歡的部分，例如我的抱負和勇氣……我可以帶著那部分的我，一起走上更有靈感的道路。這是自我實驗的另一重要層面：帶走有用的，將其他一切拋在腦後。

當塔克西姆廣場（Taksim Square）上的坦克轉向我時，我逃跑了，眼淚和鼻涕順著我的臉流下來。在我穿越過土耳其香料市場之際，感覺到一大堆簡訊在我的手提包裡嗡嗡作響。這些簡訊顯示來自華府的區域號碼：

> 嗨，艾希莉，我是莎拉．希爾瓦爾（Sarah Hillware），我們是在華府的頒獎典禮上認識的！我已經確認幾個月後妳可以在加州大學柏克萊分校發表TEDx演講，我希望妳能答應。如果可以的話，他們希望妳今天或明天能夠提出演講素材（speaking reel）。

雖然很害怕，還是勇敢去做

那一刻就像是《駭客任務》（The Matrix）電影情節，時間似乎靜止不動，我只聽到街上清真寺內大聲迴響的阿拉伯語祈禱聲和我自己的心跳聲。汗水順著我的臉頰滑落，我又再看一次簡訊，只是想確保我沒看錯內容。我心想：這是什麼惡作劇嗎？我？TED$_x$演講？我以前從未公開演講過，想到我會為四千名付費參加的現場聽眾發表TED$_x$演講，以此開啟我的創業之旅，頓時覺得這是一種神聖的鼓勵，和時機正好的感覺。這些眼淚代表了我的降服，順從靈感……順從真實的自我。

就在三十六個小時之前，我在華府參加了《外交信使》（*Diplomatic Courier*）雜誌評選的九十九位三十三歲以下的外交政策領袖（Foreign Policy Leader）頒獎典禮，現場認識了傳簡訊給我的天使——莎拉．希爾瓦爾。她因從事支持女孩教育的相關工作而獲獎，而我則是因為我在五角大廈的工作表現。那天晚上活動結束要離開時，我們聊到她在聯合國的TED$_x$演講，我並不知道，我對她的欽佩會變成她推薦我去做一場演講。我們在道別時，我記得我聳聳肩對她說，「也許有一天我也去發表一個TED$_x$演講……一定會覺得很了不起吧」。她坐上計程車，微笑並肯定地說：「我打賭就在眼前了」。

她說這話的時候，露出燦爛的微笑，就好像我們存在於某部動畫片中，在這一集的結尾有個向上發展的趨勢。

在重讀她的簡訊二十分鐘之後，我終於回到飯店房間，迅速發出一份有關抗議活動的情資報告。然後，我拿起手機，給莎拉回傳一則簡訊：「謝謝妳！真的太棒了，我會努力的！」我永遠感激她的慷慨。幾分鐘後，我的收件匣裡收到一封來自柏克萊 TEDx 策展人的歡迎郵件。讀著這封郵件令我興奮不已，因為我一直夢想著這樣的機會，但當我讀到最後一行——**請盡快提供演講素材**——我嚇壞了。我以前從未公開演講過，我甚至不知道「演講素材」指的是什麼。

別讓機會溜走

我一邊啜飲土耳其咖啡，一邊打開筆記型電腦，立刻 Google 搜尋「什麼是演講素材？」地中海的溼氣從我住的旅館窗戶滲透進來，我全身開始顫抖，好像在說，妳還沒準備好應付這件事。人生中的這些時刻是很重要的，就好像我們得到一個進入大聯盟菁英的門票機會。**我們可以選擇逃避，自毀前程，相信這些重大時刻是「屬於別人的」、「我們還沒準備好」；我們也可以選擇挺身而起、勇敢接受挑戰，成為一個為之奮鬥的人。這就是人生，一個蛻變成長的旅程。**我做了幾次深呼吸，提醒自己這是我想要的，我的恐懼只是頭腦中一個無辜的聲音，不想讓我冒失敗的風險。當一個重大機會出現時，你的腦海中會出現什麼聲音？我聽著恐懼的念頭在我腦海裡盤旋，說我需要更多的經驗、我會在所有觀眾或演講者面前讓自己出糗、我沒有這個天分。我決定讓這些想法留在那裡，我再也不會受它們控制了。我很好奇：我能不能單純地把我的恐懼束之高閣，就此付諸行動呢？這個問題引導了我無數的創作。

幾次深呼吸之後我冷靜下來，開始坐下來為兩分鐘的演講寫大綱，我很清楚其他演講者可能不是用自己的 iPhone 手機製作別出心裁的宣傳短片，也不是靠在飯店房間的冰塊桶邊。我看了第一次錄製好的宣傳短片，自己都覺得難以忍受。我戰戰兢兢地站在色彩鮮豔的土耳其牆面前，隱約還可以聽到街頭抗議者的尖叫聲，和我自己顫抖的聲音。你有沒有看過自己在鏡頭前的樣子？會令人頭腦清醒的。我立刻刪除了影片，重新開始，一次又一次地重錄，在第七次拍攝時，我才覺得這應該就是最完美的一次了。

我第二天早上醒來時，收到兩封非常有趣的電子郵件：一封是我去柏克萊 TEDx 演講的正式邀請，多奇妙啊，一封來自我的情報公司老闆唐（Don），告訴我有一位客戶想聘請我做全職員工。我一直很喜歡和唐交談，也很感激他的指導，所以我在前往機場的途中打了電話給他，詢問我有什麼選項。他坦率地說：如果我接受我們客戶的工作邀請，我就得搬到美國中部的一個小鎮去。但如果我拒絕這個提議的話，他會提供我一個升職機會，讓我搬到紐約市。我打斷了他的話：「等等，所以我沒有機會留在洛杉磯嗎？我的團隊呢？」

他很遺憾地回答說：「對不起，艾希莉，但妳在洛杉磯沒有別的機會，因為客戶要結束這份契約，我們會把妳的分析員調到其他團隊。如果妳拒絕我們和客戶給妳的這些機會，妳就等於失業了。針對紐約的升職，妳可以選擇一個情報分析員讓我們考慮」。他接著說，如果我選擇離開，我最後一天的上班日將是三個月後。我快速掃瞄一下我的行程表，注意到這一天正是我在柏克萊分校TEDx演講的前幾天。不會這麼湊巧吧！

你越是對你不想要的生活說「不」，你就越能發現機會支持你真正想要的生活。這不是胡扯的廢話，而是常識。只有當你不再忙於追求不適合之事，你才能體驗到新機會的魔力。這需要選擇重新規畫路線。

做出選擇，但不在掌握中

直到在伊斯坦堡的那一刻，我才真正相信人生是友善的。這段經歷教會了我追求成功的關鍵要素，一個我從沒想過、甚至從未考慮過的要素：恩典。我回想起在職業生涯中感到無能為力的那些年，錯信不管我是否願意都必須接受某些事，才能在世界上生存。事實上，生活總是讓我感到沉重，就像一切重擔都壓在身上一樣，只有努力工作和毅力才能得到我想要的一切。但就在這一刻，我發現無力感是如此……巨大。因為當你感到無能為力時，就只剩下一個機會，真的，那就是投降順服。在過程中，你讓自己擁抱恩典，這是一股超乎你所有的選擇更為巨大的力量。

我想到了生命中所有最重要之事：父母、最好的朋友、我的工作機會。所有最美好的事物都來自恩典，而不是來自計畫，也不是直接來自選擇。想想你生命中最重要的人，你和他們的聯繫是因為你刻意去找他們，還是一種天賜的機遇？雖然我們可以做出賦予自己力量的選擇，但最終一切並不在我們的掌控之中，徹底接受這一個事實，會令人感到自由。有人把這稱為「有意義的巧合」*，指的正是生命中出現的神奇時刻、或是在最方便和適當的時間點出現的機會。

無論如何都要相信人生

恩典和「有意義的巧合」表面上看來不見得易於理解，它們通常被認為是令人難以置信的，但總是出現在我們的生活中，如果我們願意單純相信這一切的概念。這代表我們必須停止生活在「錯失恐懼」**中、停止相信我們應該身在別處。恩典意味著相信在派對上和你交談的人就是你注定的談話對象。恩典意味著在人生中相信你手中的牌。恩典意味著相信你的所在之處正是人生謎團的一部分，影響著你將成為什麼樣的人、和你注定要走的方向。恩典不允許比較，因為每個人都有自己的人生旅程。

我的TEDx演講日期正好被安排在我工作終止後幾天，真的錯不了。謹慎行事很容易，為了過你想要的生活而大膽採取行動卻不容易。成長是痛苦的，但對我來說，我知道時候到了。我領悟到，維持生活現狀只不過是一個陷阱。正如人生持續向我們證明的，人人都在不斷進化和成長。對我來說，我知道該邁出這一步了。於是，我鼓起勇氣，感謝唐給了我升職的機會，但婉拒了他的好意，給了提前兩週的離職通知。

就像大部分改變人生的關鍵時刻一樣，我開始質疑離開大公司的這個決定。你想過離開企業界嗎？不是每個人都適合！我經歷了記憶中最多的失眠夜，每天晚上入睡時都呼吸急促，腦海裡焦慮地想像著幾個月後我將站在柏克萊TEDx台上的紅圓圈中。事實上，我感覺冒名頂替症候（imposter syndrome）貫穿全身的血管，我甚至懷疑活動策劃人是否會在演講前哪天突然發郵件給我，告訴我他們改變了對我的看法、或是已經找到了更好的演講者，必須取消我的邀請。

你曾經有過冒名頂替症狀嗎？就是出現一種強烈的信念，認為自己不值得眼前的成就，總擔心有朝一日會被人識破自己其實是騙子。根據研究，七〇%的美國人在職業生涯中都經歷過這種冒名頂替症狀❶。

---

* 譯註：原文 synchronicity，字面意思是「共時性」，指的是「時間上發生同步」，有些學者將這類事件描述為「腦海中的想法與外部事件令人驚奇地發生對應，二者間沒有明顯因果關係」。

** 譯註：錯失恐懼症（Fear of missing out，FOMO），也稱為社群恐慌症，是指一種持續性患得患失的焦慮，總會感到自己不在時別人都經歷非常有意義的事情，想要與別人始終保持關聯的渴望。

生活是終極教練

晚上，我沉浸在自己的不安全感中，心想著：我有成為一位真正的企業家必備的特質嗎？我該如何憑空創造資金呢？我真的能堅持下去嗎？最糟糕的情況可能是什麼？我創業失敗了，又重新回到業界？那就這樣吧。當我這麼想的時候，創業風險就不再如我想像的那麼高了。

每當恐懼浮現時，我就會這麼提醒自己：相較於職場上，生活中能學到的東西更多。事實上，「未來企業」方面的專家表示，軟技能才是最重要的，包括溝通能力、度過難關的能力、和協商解決方案的能力。這些技能通常來自生活。因此，我知道是時候和全世界分享我的經驗了。

很多時候，我們都習慣把事情想像成最糟的狀況，卻不曾告訴自己，最壞的情況也不過如此！我們通常只要調整一下路線，就可以繼續前進。我一直很驚訝的是，有多少人選擇過著沉默絕望的生活，從不追求自己的夢想，只因為害怕夢想會失敗，或是不願付出努力讓夢想成真。生活是無法得到保證的，朋友啊，但你的夢想總是值得的。我記得幾年前我父親曾說過，成功的人只是願意做很多人不願意做的事。如果事情很容易，每個人都會去做。傑出人士之所以成功，是因為他們很願意承擔風險。也不是說我們比一個在《財星》五百大公司拿薪水的人強，而是我們看清了恐懼只不過是被誤導的注意力，無論如何採取行動就是了。所以我自問：為了我的夢想，我願意去做大多數人不願做的事嗎？我聽到我心中肯定的回答，那樣就夠了。

如果說我對成功有什麼了解的話，那就是管理好你的神經系統。以我為例，我明白練習我的TEDx演講會給我帶來一種踏實感，確保我最後上場時只會覺得像是又一輪練習，而不是某個重要時刻。正因如此，我在接下來三個月裡不斷修改我的TEDx演講稿，不下三十遍。我每天練習三到四個小時，從未間斷，只擔心自己跟一流的演講者比起來會像個業餘者似的。我一直練習，直到演講內容倒背如流為止。

在我演講的那天，我醒來之後緊張得要命。當這種感覺持續存在時，我換上跑步鞋去慢跑。我在加州大學柏克萊分校的跑道上跑得喘不過氣來，嚇壞了身邊的跑步者。我厭倦了恐懼，所以我決定把這種貫穿全身的熾熱能量稱為「興奮」。我搖搖晃晃地走到我的旅館房間，媽媽看著我問說，「妳還好嗎？」

「很好哦」，我肯定地說，「只是覺得很興奮」。奇怪的是，這有所幫助。我在自我對話中的轉變似乎幫助我看清了自己的路。

一場成功的TEDx演講

在介紹完演講陣容之後，每個人都歡迎我這位全場最年輕的演講者。我們在排隊等著裝麥克風時，我遇到了著名的投資者、蘋果公司前首席行銷傳播者蓋伊・川崎（Guy Kawasaki）。

策展人讓我知道蓋伊會先開場，接著就換我上台。天啊！蓋伊．川崎，然後就是……我。排在他後面不容易啊，這個傢伙超棒的。不過，我環顧了一下全場其他的演講者，發現大家都和我一樣害怕（或者，是否該說興奮呢？），包括非常成功的企業總裁、知名的研究人員、甚至於奧運會運動員。我對他們驚慌失措的表情印象深刻，也突然領悟到，無論我變得多麼成功，都免不了緊張的感覺。不管年齡多大、成就多高，當我們走上舞臺時，都會覺得自己像個蹣跚學步的幼兒，吵著要自己的毛絨絨小被被。

看著台上的蓋伊令我心生畏懼，觀眾哄堂大笑，他看起來好像對上台演講早已習以為常，對他來說顯然是輕而易舉之事。我敬畏地凝視著。但是，在我們挫敗自己之前，先自我檢視一番：**千萬不要把你的第一天（或第一次公開演講）和經驗老道的人（別人第一百次的公開演講）相提並論。每個人都需要時間才能爐火純青，沒有捷徑。**這後來激勵我創建了我的「商業啟動策劃」（Business Launch Mastermind）線上課程，使我可以幫助客戶建立他們自行創業的基礎。

他在演講的時候，我一直在練習我的演講稿，最後，終於輪到我了：「讓我們歡迎反恐專業人士出身的職涯顧問艾希莉．史塔爾上台」。我頓時忘了我的第一句話，低頭看了一下我的演講稿，隨即把稿子塞進口袋，走上了舞台。這一刻真實地反映了我選擇改變職業生涯的方向，並正視這些年來一直向我呼喚的轉向信號。真的是太值得了。

到目前為止，我已經進行過至少一百場公開演講了，我要再次強調：緊張總是免不了的。

但是，就像生活中的任何事情一樣，你靠自己重複的經驗開始幫助你了解到，不管心裡有多害怕，你還是會表現出色。九分三十三秒之後，結束了我的演講：「三個問題破解真正適合你的職業」，我走下講台。說我不記得自己說了什麼，實在太輕描淡寫了，我腦海中一片空白，但話還是從我嘴裡流洩出來。順便一提，做為一個專業演講者，這種情況仍然發生，我走下舞台時完全不記得我說了什麼，幾乎每次如此。

我的思緒飛快運轉，我有沒有漏掉什麼沒講的？我有沒有微笑？我有沒有吸引到觀眾？我舌頭有打結嗎？這些評判的想法不斷湧入，直到我聽到一位工作人員走過來說，「哇，這是我聽過最好的演講之一，妳看起來很……自然」。

她陪同我去音響工程師那裡取下我的麥克風時，我轉身對她說：「我真的很感激有這次演講的機會，但老實跟妳說：這一切對我來說都不是很自然的。事實上，我真的很認真地在做準備，我把稿子一字不漏地背下來了」。

她微笑著告訴我，我的回饋讓她感到安慰。哦，我自己也覺得很安慰，因為我發現世上許多在人群面前看起來很厲害的人，可能和我有一樣的感覺：雖然很害怕，還是勇敢去做。我告訴自己，這就是人生……這就是成長，而我想做更多的事。

再次充滿幹勁

回到洛杉磯後，我感覺深受啟發、充滿自覺意識，對於接下來可能發生之事興奮不已。我已經準備好要實現我的商業夢想了，沒人能阻攔我……最重要的是，包括我自己在內。不，我不再是從前的我，這個新生的自我衝勁十足，滿懷感激之情，更害怕如果此時不追求夢想，不知人生會變成什麼樣子。

你可曾因為追求夢想而感到更有活力？一直以來我都沒什麼動力，我發現其實正是因為缺乏目標。有一個目標，對某事充滿熱情，是工作中終極的生命力。我買了一個專屬網域 ashleystahl.com，聘請一位程式設計師，以兩百美元的價格在 fiverr.com 平台上為我架構職涯訓練課程網站。我接著開始研究專為求職者舉辦的社交活動。我告訴自己，人生是一場數字遊戲，無論如何我都會找到客戶。我把這個想法發表在臉書上，讓人們知道我提供免費的求職訓練服務，以換取一些誠實的網站推薦信，說明在訓練課程結束後，我的指導對他們帶來的影響。經過大家的轉貼分享，我醒來時收到了十四則私訊，表達他們對我的免費指導有興趣。其中大多都是年輕女性，想弄清楚自己的人生目標，或是想在找工作方面得到幫助。

沒人愛你的時候，你更要學著愛自己

「我有什麼資格做這件事呢？」我心中總會出現那種疑慮，這時我就會用畢卡索的一則軼事來提醒自己：

故事是這樣的：畢卡索在一家餐館裡，開始在餐巾上畫了幾分鐘。一個男人走到他跟前說：「哇，我能用一百美元買下你那張餐巾嗎？」他興奮地想把畢卡索的原創作品裝裱起來！畢卡索隨後看著他說：「一百美元？怎麼可能，這張餐巾至少要花你十幾萬美元」。

那人說：「什麼？但你只花了幾分鐘就完成了啊！」

畢卡索回答說：「不，這花了我一輩子的時間」❷。

要知道你一生都在為自己的藝術而努力——**不管它看起來如何。直到生活把我們推向火海時，我們才會明白我們有多愛自己。**所謂火海可能是一場分手、一個重大損失、或是自行創業的恐懼。也許是失去了一個長期支持我們的人、或是總是誇讚我們很棒的家人。不管是什麼，在那些時刻，你有責任提醒自己個人的偉大之處。朋友啊，那是珍愛自己的對話。當人生給你烈火考驗時，你只有一個選擇，那就是愛自己，與其站在火焰中被燃燒殆盡，不如選擇通過考驗。

我把擔任職涯顧問的夢想變成了一個計畫，現在無可否認成真了。我承認一開始很嚇人，但我深知自己求職失敗與成功的經驗對別人來說是有價值的。在自我懷疑的時刻，我發展出兩個步驟來消除我揮之不去的疑慮：

一、**我對我的客戶負責，而不是為他們承擔責任。**

這點適用於生活中人們對你有所期待的任何事情，尤其在工作中。要知道：對某人負責攸關誠信，這代表只有當你確信自己能夠達成任務時，才會對客戶（或機會）說「好」。為他們負責意味著承擔起他們的結果，這就會變成「過度負責」了。要知道每個人都有責任克服困境追求自己想要的東西。你可曾覺得對別人的結果或經歷有責任？做為一名職涯顧問，我總是牢記著，無論我為客戶的面試做了多少準備，我永遠都無法代替他們參加面試。這種領悟讓我解脫了，使我在決定能否幫助某個潛在客戶時，給了我說「不」的勇氣。當我只接確信我能幫得上忙的客戶之後，我的生意變得有趣多了。

二、**每當我極度在意個人形象時，我發現自己其實損害了更大的益處。**

這是什麼意思？在我人生的這段時間裡，提供服務（being of service）意味著專注於他人，真正與對方同在。停止服務（out of service）則代表比較少關注對方，而比較在乎自己，執著於個人形象、或工作是否出色。當你太過為自己著想而不是為客戶服務時，你就等於停止服務。你可曾在工作中陷入那樣的困境，過於在乎個人形象而不是手頭的工作？當你執著於自己的事時，你無法改變別人的人生。把你的自我執著視為一種警訊，提醒你要重新為別人服務。這種心態不僅適用於商場，也適用於你的職業和私人生活中。

在隨後幾個星期裡，我尋找演講的機會，對於把握（和創造）機會，我採取「隨時隨地」的心態。只要有能夠出現在人群面前的機會，我知道那就是我需要去的地方。我不覺得自己像是一個有計畫的機會主義者；只覺得很充實、意識到無限的可能。如果有一個即將舉行的人才招聘會、企業會議或大學招生活動，我想在那個舞台上分享我的訊息。

回顧過去，這也許是我採取過最大膽的行動之一。我發現當你決定給自己某個頭銜，你對自己有信心，別人也就會相信你。這正是成為你理想中的自己最令人興奮的祕密。就像我求職時一樣，我給每個人發電子郵件。這是大膽的舉動，因為我沒有為會談準備任何內容，只有一副無所畏懼的態度。我知道成功不會在我想要的時候時找上門，我必須負責實現它。我聽到朋友們告訴我創業需要耗費「數年」的時間，然而，我看到有人似乎只花幾個星期就在網路上創業成功。你有沒有聽過別人評論創業需要經過多年的奮鬥？我決心要成為例外，而不是規則。你也可以改變你舊有的想法。

總是「出現在附近」

我很快發現在南加州的洛杉磯、橘郡和聖地牙哥有一系列的社交活動，便買了門票去參加。首先是聖地牙哥。在三個小時的車程中，我注意到我胃部泛起一股熟悉、不安的感覺。穿著新套裝，走進那家酒吧，我感到比任何一次面試更加赤裸，這是一種原始而暴露的感覺，因為我自己就是商品；有史以來第一次，我要銷售自己。我心中充滿希望地戴上自己的名牌，忽視腦海中呼喊的聲音：你不會成功的；人們會嘲笑你；你等著出糗吧。

當我們感到完全暴露和脆弱時，這些時刻可以做為動力，也可以消耗我們。想到畢卡索的故事，我告訴自己，**我是值得的，我確實有一些珍貴的事值得與他人分享**，我本身的溝通技巧至少是從二年級拼字比賽時就一直培養的。我原諒自己誤信我不會成功。事實是，我提醒自己，我在職場中是有影響力的，我想利用我學到的東西幫助人們。我原諒自己誤信別人會嘲笑我年紀輕輕就選擇當職涯顧問。事實是，我認為我勇氣可嘉，應該為自己感到驕傲。

當我默默地原諒自己這些錯誤信念時，我注意到一個女人直接向我走來，她看起來很像我的一位大學教授，她自我介紹之後，俯身看了我的名牌。

「哇，妳是職涯顧問？妳看起來像二十出頭而已，妳真的有這方面的經驗嗎？」

轟！我楞住了，一股羞愧感油然而生，好像竄流在我的血液中。我忘了我一直在說服自己的那些正面想法，努力恢復鎮靜。這就是當你自行創業時，真正站在火海的時刻，在檯面上呈現自己的重要價值。

「謝謝妳的詢問」，我苦笑了一下，「是啊，我曾經為華府五角大廈管理一份八千萬美元的契約，但對於職場我最熱愛的是我個人的求職經歷，因此我決定開始向客戶傳授。為什麼這麼問呢？妳需要我協助找工作嗎？」

她問我所有的客戶都是從哪裡來的，我分不清她這麼問是出於好奇心、還是想僱用我。當我們對某事缺乏安全感的時候，就會出現這種狀況，對吧？我們已經很敏感了，而大腦也在尋找理由證明我們不值得的說法。但不是我，這次不行，我要努力往上爬。我想到我正在輔導的所有免費客戶，以及我剛剛在臉書頁面上發布我的服務，已經簽下的四個新客戶。不管是不是會收到報酬，我認為客戶就是客戶。我狠狠地看了她一眼，說：「嗯，我上週剛在臉書上公告，簽了四個私人客戶，再加上口碑。很多人都需要這種幫助，妳知道嗎？」我遞給她我的名片，不耐煩地笑了笑。

三個星期後，同一個女人打電話給我，聘請我做她的教練，想要釐清她下一個職業發展方向，並找到一份工作。這一切都歸功於我願意到聖地牙哥「出現在附近」，以便隨時碰上任何可能想和我合作的人，我拒絕在談話中為自己找藉口。

想想你的人生，去哪裡最容易讓你實現夢想？有沒有什麼地方或什麼人，是你應該碰巧「出現在附近」的，就像等待被機會捕捉的白鵝？讓你自己出現在那裡吧。

製造大量的媒體曝光

她註冊後，我現在有了六個線上客戶評論。六個星期後，我的TEDx演講被發布到網路上，並迅速爆紅，如今超過了一百萬的觀看人次。讓自己出名，建立個人品牌的關鍵就在於媒體喜歡強勁勢頭。說到媒體，你真正要投資的是製造大量的媒體曝光。這代表一旦你嚐到一次甜頭（或贏了），你就必須把它做為下一次勝利的契機。對我來說，這就像是把TEDx連結的「發燒新聞」發給線上編輯，詢問我能否為他們的網站寫網誌。

要知道：你在網上看到的大多數作家、甚至是獲獎的人，都是自己主動聯繫網路平台或編輯，請求在他們的網站發表文章的機會。並不是因為受到邀請或獲獎而有這些機會的。

那你何不也這麼做呢？就像我說的，如果你想要一個機會，不要空等機會上門。想一想哪些線上平台與你的工作相符？你可曾想過為他們寫網誌，做為你在工作領域為個人品牌發聲的管道？幫你未來的自己一個忙，把握機會。以下是成為一名線上部落客的幾個步驟：

一、搜尋你喜愛的線上內容平台的投稿原則，可以是任何平台，從一個小媽媽部落格到《富比士》（*Forbes*）商業雜誌。

二、聯絡編輯（或透過格式規範頁面提交），讓他們知道你有意為其撰寫的文章性質，或是附上一篇部落格文章範例。如果兩週後你還沒收到回覆，請發郵件聯絡編輯，詢問他們是否打算採用你的文章，並告知如果不感興趣，你計畫將樣品提交別處使用。這通常會讓你得到答覆。

三、寫一篇與你想成為的企業主或專業人士相符的文章範例。個人品牌對於企業家和大公司而言都是必要的。如果你正處於事業轉型之際，那麼就利用你創作內容的機會，在這個新領域裡為自己建立品牌聲音。想想你的過去，把它帶到你的未來……。例如，如果你正從科技領域的工作轉行到娛樂領域，那麼就寫下這兩個領域的交會點，以此做為兩者之間的轉型並建立自我品牌的方式。

要知道，在一大堆已讀不回的推銷郵件和斷然拒絕中，你會得到一個寶貴的「好」，那將是你開始製造大量媒體曝光的機會。

最好的個人品牌就是那些無所不在的人。如果你在網上搜尋我，你會發現到處都有我的部落格文章。飽和供應是最重要的！要知道，你應該盡可能創造許多出路，也就是說，一旦你得到一個線上平台的認可之後，再多發表幾篇貼文，並確保你在自我行銷到其他可以投稿的管道時利用這些連結。**我不建議在單一平台上投入太深，發表太多文章**，除非他們付錢讓你為他們寫作，特別是如果你的內容歸他們所有，不許轉載到其他地方，像是你的 LinkedIn 個人資料、或是 Medium 帳戶（任何人都可以在這些平台上發表作品！）。

如果你不想寫作，那就選擇一個讓你興奮的社交媒體平台來打造個人品牌。如果是推特的話，開始靠發布推文來建立人脈，轉發你關注對象的推文、並為他們慶祝。到了你私訊給他們要求對話時，對方應該已經很熟悉你的臉孔、或是名字了。那就是透過在網路上為別人慶祝和表達支持而建立人脈的方式。如果你喜歡用的是IG，那麼看看其他和你氣味相投的帳戶，並注意哪些貼文最受歡迎，利用這些做為個人創作內容的靈感。成為平台上表現出色的觀察者，而不僅只是用戶。

我把我的TEDx連結發送到《富比士》、Muse、BuzzFeed、甚至 Mashable 這一類的媒體，希望能成為一名撰稿人、或被引用的客座專家、甚至獲得足夠的曝光以取得演講的機會。每個網站都有自己的一套規則，明文規定要什麼條件才能成為他們的作家或演講者。Muse 是我在二〇一三年得到的第一個「認可」。從那時起，我開始每週為他們寫部落格文章，講述如何找到自己最理想的職業生涯、如何找工作。其他網站的機會很快跟著出現，在不知不覺中，我每週開始忙於撰寫求職輔導相關文章，同時服務客戶。這一切都要歸功於我的TEDx演講。

所以切記：你只需要一次勝利，一旦成為你的囊中物，其他的很快就會隨之而來，如果你選擇把握機會的話。動力會帶來更多動力，在物理學中，動能是質量和速度的乘積[3]。把你的媒體曝光想像成更快速地（速率）產生更多媒體（質量）的結果，接著看它傳播。

在我的職涯輔導事業開始的六個月裡，我發展到一年超過六位數的營業額。當時我不知道的是，在第二年，我會在短短兩個月內創造超過五百萬美元的收益。隨後發生的事是一場噩夢，因為成功有如曇花一現，來得快，去得也快。

一開始很痛苦，但後來讓我徹底蛻變了。

人生轉向 10 一步步打造個人品牌

如果想中樂透，首先必須願意購買彩票。雖然你以前可能認為，在網上看到的所有作者、演講者和專家都是因為他們的內容而受到邀請，事實上，他們很可能是一次又一次地向編輯推銷自己，直到得到機會為止。

當你看到有人在網路上、在舞台上演講，或是在社交媒體上有大批追隨者，並不是因為觀眾渴望他們的才華，而是因為這個人開始在網路上掛牌開業，吸引人們出現，一開始可能採用電子郵件廣告、付費廣告等等。

個人品牌也是一樣，不是因為你這個人很有趣才出現的，而是因為你讓自己大量曝光，藉此培養你的觀眾和可信度。

此外，新聞媒體通常不是為了創造銷售，而是攸關獲得信譽……而**信譽是值得付出努力的**。如果你是一位企業主，建立個人品牌和擁有行業影響力會促使搖擺不定的客戶選擇你這邊。如果你是一位正在求職的企業專業人士，在網路上活躍的存在是在面試中脫穎而出、獲得工作機會的關鍵，也會是你談判的籌碼。

這代表大多數招聘團隊和人力資源部門都會在網路上搜尋你的名字。與其讓他們在臉書看到你一九九七年在卡博（Cabo）和朋友縱情狂飲瑪格麗特酒的照片，不如利用媒體來打造你的品牌。想像一下，當招聘經理在 Google 上搜尋你的名字，到處都可以看到你與工作相關的優質內容時，會是多麼令人印象深刻啊。

既然要透過新聞媒體來建立品牌，你可以利用以下幾個平台為自己宣傳：

- **LinkedIn**：每個人都應該在這裡發布有價值的內容，因為這裡沒有設任何門檻，但是要確保你使用的內容是否允許重新轉發（若曾發布於網路上其他地方的話），因為有一些線上平台在你提交內容之後，所有權便歸於該平台。在 LinkedIn 上建立一個專業人士的利基群組，幾乎每天與他們保持互動，也是一個專業的作法。

- **推特**：在此發布與工作重點相關的內容和文章，正如前文所討論過的，透過為他人慶祝和表達支持，讓這裡成為你建立人脈的地方。
- **IG**：這個平台非常適合主要核心技能攸關美學或文字的創意者！這是個獲業界認可的好地方。
- **臉書**：在這裡使用「按讚」功能脫穎而出的好日子已經結束了，所以我不太推薦使用這個平台。此外，一定要記得設定隱私權限，這樣招聘人員就不會看到你上週六晚上在夜總會的照片。也就是說，若要在此平台建立權威或業務的話，方法之一就是建立一個優質的臉書群組。
- **Podcasts**：看看哪些節目符合與你工作領域相關的人，想辦法推銷自己成為客座專家。**友情提醒：你的確是該領域專家**。
- **電視採訪**：這也是一場自我行銷的遊戲。找出你想上的節目的助理製作人，想辦法推銷自己成為客座嘉賓。
- **報紙和雜誌**：找出負責的編輯，透過電子郵件發送一份你想為他們撰寫的主題清單，同時附上一份優質的文章範例。
- **行業出版品和會議**：向活動主辦人發送電子郵件，想辦法推銷自己成為你喜歡的主題的演講者或座談會成員。

- **地方和全國性的社交活動和組織：**你會很訝異有多少組織需要免費的演講者。如果你得到演講機會，若想得到更多益處，記得要求帶一位攝影師來記錄你的表現！
- **TEDx 和其他演講活動：**要知道 TEDx 的策展人都會去參加彼此的活動。找出那些活動，去和他們建立關係。在與對方交談之前，請確保你已經掌握第八章關於電梯簡報自我行銷的公式。至於其他演講，你可以想辦法錄製精彩的宣傳短片（介紹你的演講內容和個人背景的三分鐘影片）、或是找出需要演講者的活動主辦人！
- **部落格：**你現在應該已經很清楚了。

我建議從部落格文章開始，你可以利用它們做為基礎，推動未來的新聞曝光機會，比如接受採訪或公開演講活動。不要害怕：就算你說自己不是作家也沒關係，你還是可以找一個代筆人合作（真的！沒錯！按照你的語氣和意思幫你寫作的人）或出版社（像我找到的這家 CAKE Publishing），可以為你提供支持、撰寫和編輯你的內容。如果你本身已是不錯的作家，只是想讓文字更加精煉，在你提交出版之前，聘請一位特約編輯幫你進行內容審查和校對。

關於內容的注意事項

當你開始用寫部落格文章來建立個人品牌時，有一些事情需要考慮。正如之前提過的，有些媒體會想完全擁有你的內容，代表你不能在其他地方轉發。有些平台會要求你在文章發布前，先提交給編輯審查核可才能刊登（如 Inc. 或 Thrive Global），而有些平台在你成為旗下作家後會允許你直接發布文章（如《富比士》有些會想要你的原創內容，而有些則願意接受你在別處發表過的內容。有人會付錢給你；大多數都不會。

每個網站都有細微的差別，在你發送電子郵件、申請、或提交作品之前，務必先了解一切細節。最重要的是，記得在兩週後追蹤你自我推銷郵件的進展。一旦你開始為某平台寫作，一定要知道出版品的風格指南，在你提交一篇文章之前，確保它符合該平台獨特的規則，比如字數限制、標題格式，甚至數字規範。如果你寫了一篇很有說服力的文章，但卻把「四」寫成了「4」，並把副標題的首字母都大寫了，因此而被拒絕刊登，那就太可惜了。

別因為遭受拒絕而喪志

不要把那些未回覆的郵件看得太嚴重，繼續朝著「受到認可」的方向努力，開啟你大量媒體曝光的機會。**要知道網路世界需要內容，你是這些編輯需要的人才。**我們這個時代一些最成功的人士都曾經被拒絕過：例如《哈利波特》（*Harry Potter*）與《暮光之城》（*Twilight*）圖書系列曾被數十家出版商拒絕過，最後才被接受；《心靈雞湯》（*Chicken Soup for the Soul*）則是最慘的，在出版之前被拒絕了一百四十四次。想像一下，如果他們在第一個、第二個、或第一百四十三個「不」之後，就放棄了，會是什麼結果？只是因為一個人說「不」，這並不代表其他人不會說「好」（或是拒絕你的人稍後不會改變心意）。

即使你不想成為一名作家，你也有自己的意見，也是有話要說，是時候開始分享了！

實際應用

透過以下步驟建立一個可信賴的個人品牌，讓自己發展成所屬企業領域的一流專家：

一、針對分享的內容和建立個人品牌，問自己一些明確的問題：

- 你想要說什麼？
- 你的行業想要讀到什麼？
- 你的客戶（若有的話）想要讀到什麼？

- 你有什麼興奮之事想和別人分享嗎？

二、列出一些與個人行業和工作相關的線上自我行銷管道（如《富比士》、BuzzFeed）。

三、將這些媒體平台根據被接受的難易度進行排名，從最容易到最困難。

四、製作一張試算表，詳細列出平台名稱、編輯負責人、投稿人指南頁面的超連結、聯絡的電子郵件帳號，同時標示出作者投稿需知的重要資訊，例如是否需要先發郵件給編輯、或在特定網頁上提交一篇部落格文章範例。

五、先從最容易的平台開始發布文章，再依難易度排名順序一路往上爬。

六、列出你認為所屬行業或工作的客戶會搜尋或閱讀的部落格主題清單。

七、列出十到十五篇你認為有價值的文章標題。

八、在下個月安排三到四天的寫作時間。如果你不想單獨寫作，也可以在這段時間聘請一位代筆者。我合作的公司 CAKE Publishing，以及 upwork.com、fiverr.com、或 reedsy.com 上的自由業者，都有提供代筆服務。

九、開始透過電子郵件向編輯發送你的部落格文章範例和自我行銷（或是上傳到該平台的投稿頁面！）。

十、兩星期之後，寫信聯絡編輯，詢問你是否可以在其他地方使用這篇文章（如果他們不打算採用的話），這種說法會促使他們盡快回覆。

結語

你可以帶著冒險精神跳進未知世界，或是承受令人挫敗的遺憾：**我真希望自己至少努力試過**。正如勵志演說家兼作家吉姆．羅恩（Jim Rohn）所說的，「**紀律的痛苦不算什麼，遺憾則令人難以承受**」[4]。在告別一個職業和邁向新事業之間，我們往往會將痛苦過程視為我們應該質疑自己的決定。畢竟，如果告別令人傷痛，我們不是應該回到從前嗎？我了解到，隨著每次攸關真實自我或未來可能性的新選擇或信念出現，我的個人品牌已經為我建立了立足和轉變的基礎。在網上建立個人品牌是個投資計畫，從長遠來看是值得的，無論你是開始一項副業、或是在你全新或現有的事業領域塑造自己成為優秀專家。

第11章

寶貴的人生低谷

二〇一七年十二月一日

「艾希莉，這是妳在美國運通公司個人理財專員的來電。我們一直聯絡不上妳，重點是想要通知妳，妳有一筆未付帳單二十九萬六千四百一十三美元（約新台幣八百四十萬元），已經逾期四天了。請回電給我們，並請盡快繳納，以避免逾期罰款。」

電話鈴聲再度響起，一直響個不停。我聽了下一封來自未知號碼的語音信箱留言，衷心希望是令人振奮的人打來的。

「嗨，艾希莉，我是你的牙醫，羅里。妳能付清剩下的牙科帳單嗎？已經逾期很久了」。

西好萊塢外面下著傾盆大雨，雨水漏進我的客廳。我穿著睡衣躺著，臉頰貼在硬木地板上，在一灘淚水和雨水中不斷啜泣著。每次抽泣，我都在想我該如何解決這團混亂。我想起我的朋友安娜，她創辦的公司破產了，她的投資者損失了四十萬美元，但她最後全身而退。我想起我的用友珍，她的父親給了她九萬七千萬美元投資一項產品，產品沒有成功，珍最後找了一份新工作重回職場，而不必償還損失。我接著再想到我自己：我用我的美國運通卡刷滿額度購買臉書的廣告，負債將近三十萬美元，而且還沒有任何應急方案。你可曾被錢逼得走投無路呢？那可能是個人創造力的終結者，對吧？

我的事業經歷了五個階段，最後到了這個地步。首先，我努力摸索建立我的私人事業，創造一個線上課程和免費的網路研討會發表，把課程內容介紹推銷給新客戶。第一階段花了很長一段時間，幾乎把我的精力消耗殆盡。第二階段，我的努力有了回報，最後得到數千名新客戶加入我的課程。自那時起，進入第三階段的快速成長，努力迅速地服務數千名客戶。第四階段，我聘請新員工進行培訓，以因應源源不絕的新客戶，享受我的成功，同時調整我的課程內容。第五階段是最困難的，代表鮮為人知的創業精神：一旦你的創意構想奏效，就必須想辦法維持下去，我的恐懼由此而生，我就是在此時自我毀滅的。

我在經濟上的成功使我精力消耗殆盡，這是很不幸的，因為成功帶來了巨大的責任，而由於我在過程中全心全意地付出，導致精疲力竭，當最終成功時，我已經沒有任何動力了。從那時起，我開始在疲憊和壓力之下做出商業決策。這種倦怠和恐懼感正是導致我陷入嚴重財務損失和信用卡債務的原因。

沒有安全網這回事

對於世上九九%的人來說，沒有「安全網」這回事，更別提會有人願意拿出將近三十萬美元來幫助我……。我可以選擇耽溺於「自怨自艾」，或是放手開始我的人生下一個篇章，但我總是覺得自己很羨慕安娜和珍。你可曾嫉妒過那些輕易躲過危機困境的人？

我心想，安娜和珍有一張安全網。我覺得彷彿又回到了過去在軍事基地被鬍鬚男襲擊後的那個舊自我：精疲力盡、迷惘、孤獨。

很多時候，當我們經歷一些困難時，總覺得沒有人能夠理解，或是覺得自己孤立無援。我以為我已經學會了如何駕馭這種被世界孤立的痛苦感覺，但有時你需要經歷更多次教訓，才能真正學會。當我的手機響個不停，意識到沒有人會來拯救我時，我感到更加孤獨。

在我這麼多年的創業風險中，我誤以為自己可能會受到某種安全網的保護，我從來沒有意識到自己對財務風險承擔的想法是多麼天真。最後我才明白，**安全感跟金錢或任何我能從外界「取得」的東西無關，而是出自於內在的運作，是一種自我培養的心態感覺，知道自己能夠處理人生中碰上的任何問題**。這種安全感認知是我從這次經歷中培養出來的。

電話鈴聲再次響起，我這次接起電話，不管怎麼樣，我決定面對現實。

「艾希莉，這是一家債務托收機構。我們受到美國運通委託處理妳的帳戶，我們會有電話錄音。妳能確認一下妳的身分嗎？請說出妳的社會安全號碼的最後四位數」。

我停頓了一下，然後就投降了，並開口說話。談了大約三分鐘之後，我得到的訊息是，如果到月底前我還繳納不出這近三十萬美元的欠款，債務托收機構確認美國運通有權收回我的所有資產：我為投資所購買的小房子、我的車子、以及任何他們能找到的東西。

「讓我想想辦法解決吧」，我告訴討債人，然後掛斷了電話。

放手是過程，而不是事件

我的腹部因啜泣而疼痛，我的眼淚早已流乾，該是時候挽起頭髮，喝杯拿鐵，收拾我的爛攤子了。這是我的選擇：完全崩潰、或是振作起來繼續前進。我想起了父親多年前的那一刻，一股新的同情和欽佩油然而生。我打算做和他一樣的決定，選擇放手，擁抱新的生活，繼續下去，不讓任何一個事件定義自己。這需要勇氣。在一切崩潰瓦解之際，我找到了和我父親一樣的勇氣，繼續前進。

上午十點十五分，我的員工會議再過兩小時就要開始了，而我的八人團隊還不知道公司就要倒閉了。我開始發郵件給我的好朋友們，我知道他們可能會想聘請我的團隊成員，我在信中寫道：「莎拉，我公司碰上大麻煩了，我必須讓員工離開。妳需要業務經理還是虛擬助理*嗎？我可以向妳推薦我的人。」

這代表我得開始讓我的團隊離開，對我的事業放手了。回想起來，放手就像說再見一樣，是一個過程。仔細回頭想想，當我發現公司營收並沒有大大超過開支，我對自己的事業一點一點地放手了，直到此刻。我抱著一線希望，一次又一次地嘗試修復廣告、進行拆分測試，我都暗自祈禱我的銷售額會回升……每次都是失望的結果，內心一部分的我抗拒著我不得不放棄事業的可能性。在你的人生中，你可曾經歷過不想面對現實的情況，暗自希望一切問題都會自行好轉呢？

當我看著自己公司帳戶逐漸空虛時，我非常害怕失去這一切，變得完全失去理智、一再抗拒否認，這種抗拒感是如此強烈，導致我在經濟上、情感上、精神上都付出了昂貴代價。隨著我的收入銳減，我開始擔心我不得不放棄心愛的工作團隊，慢慢地捨棄所有我能幫上忙的客戶，而最困難的部分是，我已經習慣了把自己定義為總裁、老闆、事業成功的企業家，我害怕我深愛的這個身分即將終結。我的成功是一個溫暖的藏身之處，少了它，我感覺很脆弱。這種恐懼感在我內心製造一種絕望和否認，進而促成一些非常糟糕的選擇。你可曾延誤多時等到事情惡化才採取行動？你可曾因為恐懼而做出毫無根據的決定？在你的職業生涯中，你執著於哪些身分？直到此刻，我決定不再堅持我的願景，選擇接受現實狀況。我終於自由了，即使我欠了一屁股的債。

* 譯註：虛擬助理（VA）意指從遠端為其他企業提供支持服務的人。

在接到討債電話後，選擇走出恐懼讓我有多餘的心力去想辦法解決問題。雖然生活中有太多我喜愛的事物，我還是能夠決定哪些對我很重要、哪些可以捨棄。雖然我熱愛壁櫥裡的名牌手提包，但我覺得它們並不重要，於是我丟到 eBay 上拍賣。雖然我熱愛跑車，但它並不重要。雖然我熱愛我在西好萊塢的美麗公寓和它代表的經濟獨立象徵，但我覺得這也不重要，這些都只是物質的東西，並不代表真實的自我。我惋惜地凝視著我美麗的客廳，透過窗戶看著我的保時捷……開始低聲一一說再見。

一個小時後，我再次查看郵件，看到四個朋友回覆大大的「好」，表示願意聘請我的員工。我的團隊成員賦予公司精神，他們會沒事的。

一夕成功需要數年的努力

我也看到了我的臉書廣告人德里克的電子郵件，信件附上四萬五千美元的發票，這是他經營我的廣告每月一〇%的佣金。說我財務一塌糊塗簡直太輕描淡寫了。這些發票和討債電話象徵著我看似光輝耀眼的一年草率的落幕。

我是怎麼落到這步田地的？好吧，我把我賺的每一分錢都投入到我的「工作機會學院」求職課程的網路行銷中。經過六年的努力，公司的盈利能力突然間飆升，並在兩個月內創造了超過五百五十萬美元的銷售額。這代表我們的線上課程在短短幾週之內就吸引了五千多名客戶。收入來得如此之快，每天高達五萬美元，幾乎讓人感覺神奇的獲利會就此源源不絕、滾滾而來。

雖然那次成功看起來像是一夕之間發生的，但事實上我已經為此奮鬥了四年，就是深信這門課程終究會成功。畢竟，沒有其他千禧世代女性在網上提供求職課程，而我的內容完全是原創的。工作機會學院的系統帶給我的不僅僅是工作機會；也給了我自由，知道我可以在職場中創造自己職業選擇的自由；跟任何不適合我的工作說掰掰的自由；並隨心所欲過著我想要的生活。我想讓世人都能體驗這種滋味，我也全心全意相信自由的可貴。自由是許多人所珍視的核心價值之一，特別是企業家，這門課程讓我得以將自己提供給每個人。

我當時不知道的是，我的成功會有如曇花一現，幾個月後就消失了。這將是我人生中的一章，讓我體會到跌入谷底的滋味，同時培養出對生活處之泰然和信任的感覺。你上一回跌入人生谷底是什麼時候？你從中學到了什麼呢？

我聽到大門外有聲音，趕緊把地板上的眼淚擦乾淨，套上一件黑色人造絲連身裙，把頭髮紮成髮髻。我的團隊員工來敲門時，我用哈利波特書呆子眼鏡掩飾我的雙眼。

每個人走進來，手裡拿著艾希莉國際公司的筆記本，興奮地準備開工。大家都在我的廚房裡準備咖啡時，我的首席職涯顧問梅隆妮（Melonie）把我拉到一邊。她在我公司的年薪六位數，在家兼職工作，指導私人客戶釐清個人職業生涯的方向。

「艾希莉，我需要加薪。我覺得公司沒有注意到我的工作量……」她想繼續說下去，我好心地打斷了她，讓她知道今天可能不太適合討論這個話題。

我們兩人走回客廳，我永遠不會忘記我的營運總監看著我說：「艾希莉，一切都還好嗎？總覺得……這裡氣氛很低迷」。

我對她的直覺感到印象深刻。痛苦是可以感受到的，不是嗎？我請每個人都坐在大理石桌旁，等他們就座之後，我攤開雙手說道：「你們想要先聽好消息，還是壞消息？」

我聽到當中一些人喃喃地說想要好消息，於是我擠出一絲微笑，大聲說：「好消息？好吧，好消息是我幫你們找了新工作，呃，接著就是壞消息，也就是我得關閉我們所有的課程了」。

我的團隊緊盯著我看，我說「緊盯」是我當下的感受，我的每一部分都暴露在眾人之前，無法隱藏。

「發生了什麼事？」他們都在問。接下來，我不太記得我說了些什麼，只是隱約記得我提到，為這家公司付出六年的心血帶來多大樂趣、我對這個求職和釐清目標訓練課程的信心、以及我多麼努力想辦法讓它成功。然而，收入就是無法應付我們的開銷。

我告訴每個人最後一天上班的日子，接著，就只想一個人靜一靜，放任自己大哭一場。有趣的是，在你感到如此孤立無援的時候，有時，你真正想要的就只是……一人獨處。

我現在終於明白我父親說錢會害死他是什麼意思了……我覺得自己快要窒息，不知道該如何收拾這個爛攤子。更糟的是，我已經完全心力交瘁、疲憊不堪，只能勉強用殘存的精力來修復我辛苦建立的一切。你知不知道造成職業倦怠有四個根本原因，那就是缺乏（1）體力、（2）睡眠、（3）社群、或（4）目標？你可曾因為極度缺乏上述任何一項而感到精疲力盡？

我憑著豐富的社群人脈和目標開創我的事業，但是我的睡眠和體力不足，那時覺得我對事業缺乏掌控力。隨著事業發展順利，我得到更多的睡眠，在這四個方面都感覺很好。後來生意開始走下坡，我陷入絕望，失去了靈感、目標、體力和睡眠，這一切讓我又回到最初的痛苦：感覺匱乏、為了生存而工作等等。事實上，我開始全盤質疑發展個人事業的點子，也開始質疑自己。

一整個下午，我坐在客廳的沙發上應付一些事情：給房東發出三十天的終止租約通知，傳簡訊給朋友詢問是否有意買下我的保時捷，向我的聯絡人清單發郵件銷售一門新課程（職涯明確實驗室），也通知弟弟我們共同擁有的房子可能會被美國運通信用卡公司收走。我在發送簡訊和電子郵件的時候，一直在思考團隊員工問我的問題：究竟哪裡出了問題？這讓我回想起認識廣告人德里克之前的那一年。他改變了一切，一開始蓬勃發展，到後來急轉直下。

在我遇見德里克的十八個月前，我漫無目的地瀏覽著臉書，一頁接一頁，直到某件事吸引了我的目光：一個身穿名牌衣服、專業打扮、看起來快樂無比的女人，廣告上寫著「我辭去了最低工資的工作，三個月後，成了一名企業家，年薪一百多萬美元……點擊下方連結，學習我的做法，你也可以辦到」。這是我從未在臉書上見過的兩個概念：付費廣告和免費的網路研討會。

我報名參加了這個女人的網路研討會，想要了解她是怎麼辦到的。在她一小時的演講中，我完全被吸引了：針對如何獲得新客戶這方面（正是我當時迫切需要的），她提出令人難以置信的商業建議，最後，她以折扣價推銷一門商業課程，如果你在她演講結束前購買的話，就可以獲得折扣。

我開始搜尋關於如何求職的免費網路研討會，卻一無所獲。我心想，「一定有這方面的需求……我能辦到的。想像一下，客戶透過我的工作機會學院課程能得到多少的工作機會啊！」我覺得自己真的很想透過線上研討會幫助更多人。

介紹一下線上訓練課程在當時的發展狀況，網路研討會和臉書廣告被認為是網路行銷的「新寵」，我感覺這主意來得正是時候。回想過去，我了解到，當你覺得點子真的很棒時，通常是因為它們已經在你內心萌芽，只是還沒找到出路。

你根本不知道將面臨什麼挑戰

臉書剛剛開始提供付費廣告，我認為那是敦促我行動的訊號，而我也真的這麼做了。在接下來的十八個月裡，我把私人訓練賺到的每一塊錢都投入到我的線上課程中，如今被稱為「工作機會學院」，成了我職業生涯的終極實驗。

一開始一團混亂。首先，要學習如何透過網路研討會銷售產品。其次，在使用各種科技時，得經過大量的嘗試和偵錯。想像一下十八個月的熬夜工作，嘗試解決科技問題，好幾天的網頁連結錯誤，浪費了數百美元發送廣告在根本沒必要的網站上，這還只是其中幾個問題。創業就是這麼回事兒：你根本不知道會面臨什麼挑戰。

如果我在這個過程中一開始就聘請合適的導師、教練或顧問（商業或財務），就可以避開不必要的花費。為了實現我的目標，我總共花了十二萬八千多美元。我至今仍想不透我當時是精神錯亂、還是靈機一動。很多時候，我都覺得自己就像一隻章魚，拼命向外尋找我其實並不需要的答案或服務，希望它們能成為促成一切的「靈丹妙藥」。

當你一心想讓某事成功時，你會怎麼做呢？你會投資在自己身上嗎？雖然我在這上面花了很多錢，但我很慶幸我願意投資在最好的資產……我自己。

我的意思是，咱們面對現實吧，當你冒這種風險時，沒人能夠保證一定會成功。但是我多年來學到的是，冒險就像是一種肌肉訓練，我們應該期待一路上的挫敗，到最後，有計畫的風險承擔者總是贏的一方。勝利者會做兩件大多數人不會做的事：（1）他們不會放棄，最終贏了，（2）他們通常會在腦海中針對成功和失敗，進行更好的對話思辯。當然，世上也有一廂情願的空想家，他們通常認為不必下功夫努力事情就會成功。就我而言，我決定要繼續嘗試，直到我的網路研討會成功為止。我期許自己會贏得勝利，絕不輕言放棄。

成功指日可待的感覺

有趣的是，回顧過去，在我的成功土崩瓦解之前，當我還在第一線埋頭苦幹時，我內心隱約知道一個事實：這是會奏效的。我花了數年時間建立的網路研討會，我全心全意投入的求職訓練課程，我知道肯定會有用的。事實上，我記得，在我創業初期那幾年裡，我每天都會在聖塔莫尼卡公寓附近的街道上慢跑三十分鐘，想像網路研討會帶來的收入，以及我在課程中幫助所有客戶找到的職涯目標和獲得的工作機會。你可曾有過成功指日可待的感覺？這是多麼美妙的自我應證預知能力啊。當時我不知道自己在做什麼，但我完全符合心想事成的吸引力法則，雖然我生活中沒有任何跡象顯示成功即將到來，但我就是感覺到自己一定會成功。

這是有科學根據的。當你對個人目標有明確的想像時，你就是在說服大腦朝著目標發展當中、或是已經發生了，這會使你更容易心無恐懼地完成任務、達成目標。研究證明，當你跟隨著心中勾勒的想像時，就會像你實際行動一樣有效[1]。事實證明，這對於老虎伍茲（Tiger Woods）和拳王阿里（Muhammad Ali）這樣的專業運動員來說是很有效的，他們會將內心想像的目標結合於身體訓練中[2]。還有一點值得注意的是，如果你生活在恐懼中，你想像著最糟糕的噩夢正在發生，等於是在促使它成為現實，要知道，那些基於恐懼的幻覺會影響你的行為方式。事實上，我認為我之所以事業失敗，正是因為我在經濟開始起飛時，我狹隘的金錢觀所引發的恐懼和噩夢的結果。

商業模式很簡單，但要做到完美卻需要下很大的功夫：關於求職的付費廣告和一個線上產品銷售頁，引導訪客註冊我一小時的免費網路研討會，參加用戶可享有十五分鐘即時購買課程的折扣。事實上，久而久之，我體認到網路行銷的成功並非來自創造；而是來自調整和修復每一個可以刺激銷售的小細節，無論是電子郵件主旨、或是在網上研討會的措辭。對我來說這真是太諷刺了，我只花一百個小時創立工作機會學院，剩下的時間都是用在推廣促銷。這就是商業：你最好相信你的產品很不錯，而將大部分時間用於加強宣傳和刺激銷售。

雖然我欠了一堆信用卡債，銷售成績也不理想，但是我對工作機會學院真的充滿信心，所以在一年的時間裡，我進行過高達九十一次的線上直播。九十一次！我記錄下每一次網路研討會的結果。老實說，那時真的很痛苦。在最初三十五場直播演講中，我花了兩百美元在廣告上，卻沒有得到任何回報。在接下來的二十場中，我開始閱讀廣告文案的相關書籍，使我在廣告預算和銷售額上終於收支平衡。但我還是沒有辦法獲利——直到我認識了德里克這個人。

成功與失敗同在

在我開始網路研討會事業十六個月之後，某個星期一早上，我原聘的廣告專家安娜貝爾

（Annabelle）打電話向我道歉，因為她在週末參加為期三天的戶外野營時沒有網路，沒收到我大量的簡訊，她不在的時候，我的網路研討會註冊頁面的連結失效，人們無法註冊，代表我每天都浪費三百美元的臉書廣告在這個失效頁面上，我不知道該如何補救，整個週末只能眼睜睜地看著我的信用卡被扣帳。我投資線上課程用信用卡刷了將近十三萬美元，已經快要窮途末路了，或許該放手了。

安娜貝爾在星期一晚上看到我的簡訊時，立刻打了電話：「艾希莉，我真的很抱歉……我剛剛修復了那個頁面，但並無法挽回流失的九百美元。我能做什麼補償呢？」

我只是靜靜地坐在電話另一頭，完全六神無主，不知所措，我對安娜貝爾說，也許這是一個警訊，告訴我該放棄了。我的意思是，讓我們面對現實吧，當你準備好要跳槽時，可以輕易找出藉口說服自己該辭職了，對吧？事實是，你的大腦會想辦法找到任何理由來證明。她在電話裡的語氣變了，堅持要我再做一件事，她想補償我。

安娜貝爾說：「我打算介紹一個人給妳，但是千萬不要說是我推薦的，請別追問為什麼」。

直到今天，我還是不明白為什麼我不能告訴他介紹人是安娜貝爾。她給我一個電子郵件帳號，告訴我去聯絡一位名叫德里克的人來幫我。我在網路上怎麼樣都查不到這個人，但我太迫切希望這項事業能成功，而被希望蒙蔽了雙眼。我給那傢伙發郵件說有人向我推薦他，他回了我的信，安排了第二天早上和我通電話。

房租三天後就要到期了，我得想辦法掙到兩千五百美元，同時找到資金雇用德里克，這個傢伙最終成了我的商業教練和廣告專家。了解網路行銷的人都知道，讓一個人同時扮演這兩個角色，有巨大的利益衝突。為什麼呢？因為你的商業教練應該要提供對你的事業最合適的建議，而廣告專家的收入通常與你的網路廣告規模大小相關，這有時會讓他們看不清什麼怎麼做才是對你最好的，但我當時並不明白這一點。當你像我一樣處於精疲力盡的狀態時，你的大腦就會變得失去理智，導致難以看清事物、創造性地思考、或理性判斷❸。我精疲力盡，失去了希望，需要有成效的進展。

在我們的電話裡，德里克告訴我和他合作每月要花三千美元，我深切地相信他的合作是我一直在等待的靈丹妙藥。我告訴他我目前沒有錢，他說我的生意給他很大的啟發，他願意給我一星期的時間去籌資金。

接下來，我打電話給我媽媽，告訴她我需要借三千美元，因為我沒有現金，而房租也到期了。她一直都對我很有信心，從小就告訴我，她認為我可以完成世上任何我想做的事。

「如果這是妳的租金」，她繼續說，「我會給妳的，但如果是要聘請另一名教練或行銷人員，我不能借給妳，艾希莉，妳該適可而止。我相信妳的能力，但妳已經負債累累了。也許是時候開始考慮重新找工作了，至少做個兼職什麼的」。

「是啦，是要付租金的！」我說，這是我成年後第一次也可能是最後一次對她撒謊。

第二天早上，我媽媽的三千美元滙入我的私人帳戶中，我透過 PayPal 直接寄給德里克。我對我們第一次電話諮詢的結果很興奮，因此我們安排了一整天的工作時間，讓他來洛杉磯，教導我他對廣告文案、電子課程和網路行銷的一切所知。好消息是，在他絕頂聰明的支持下，我除了開設線上課程，創造過數百萬美元的收入之外，也將繼續成為文案、銷售和訓練方面的專家。有趣的是，有時候，事情的發生的確有其因果。如果我的註冊網頁在週末沒有失效的話，我可能永遠不會認識德里克這個人。想想你的人生：可曾發生過什麼可怕的事情，像是某種危機，進而促成你發現了一些很棒的事情呢？在危機邊緣，你很可能會找到一些對你來說非常重要的人或事物。

總有一天會是你的「幸運日」

我從自己的損失中學到的教訓是，對即將出現的事物總是保持開放態度、相信生命。事實上，每次聽到朋友們說「哦，妳遇到了挫折，這就代表突破即將到來了！」我總是翻白眼，心想：會說這種話的人就是那些相信被鳥屎砸到會帶來好運的人。

朋友們，新聞快報：被鳥屎砸到不是什麼好運氣，畢竟你身上沾滿了鳥屎啊。但事實是，你永遠不知道明天會發生什麼事，雖然不太可能每個明天都是你的「幸運日」，但你最好相信，人生際遇總是穿插著令人意想不到的珍寶和機遇時刻，這代表總有一天會是你的「幸運日」，通常那一天開始的感覺和平時沒什麼兩樣，對吧？總有一天，你會在雜貨店的花生醬貨架邊遇到你理想的愛情伴侶；總有一天，你會在飛機座位旁認識一位正好能提供你夢想工作的人。朋友啊，你的任務就是抬起頭、活在當下、隨時準備好接受這種魔力。在這個競相爭奪注意力、充滿刺激的世界中，對人生的因緣際會保持開放心態是必要的做法。

在雇用德里克之後的十二個星期之間，一切都變了。他告訴我，「再一點小調整，我們就離成功不遠了！」而我相信他。我讀了他所建議的七本廣告文案相關書籍，也進行了十九次的網路研討會。每星期，我們都會針對我的網路研討會腳本添加新的測試內容，檢視每一次演講後的數據：我在那一場免費網路研討會的廣告上花了多少錢？有多少人註冊？有多少人真的參加？有多少人因為那場演講而購買了我的求職課程？這些步驟和數據片段代表我的「銷售漏斗」（sales funnel）——也就是從客戶（可能透過一些免費內容）發現你開始，一直到他們向你購買產品之間的銷售步驟。

二〇一五年十二月，事情發生了變化。這是我在德里克監測之下第十九次的網路研討會直播，花了五千美元在臉書上做廣告招攬線上觀看人次，也是再次檢驗行銷策略的機會。我在向觀眾展示完我的線上課程，退出之後，一如往常檢視銷售數據分析表：看到了四萬美元的銷售額。是的，沒錯！我花了五千美元推銷我一個小時的網路研討會，賣出價值四萬美元的工作機會學院課程。我的身體還不知該如何反應突然的成功，主要是因為我早已習慣於老處於破產的狀態，習慣了努力奮鬥而一無所成，直到這一刻。那天晚上，我哭著打電話給父母，說我的商業模式正在發揮作用，我以後終於可以照顧他們了。

「太好了！艾希莉，現在是時候擴大規模、擴大規模、擴大規模了！我們需要為下一個廣告砸下五萬美元……想像一下妳會得到的所有客戶！」德里克說起話來就像吸了毒似的，他甚至還主動提出要親自為我做廣告。

我對他所承諾的可能性感到太興奮了，以至於沒有意識到自己當時有多脆弱。脆弱感對於已建立信任的關係來說是美好的，但是如果不小心的話，就會產生一種信任的假象，類似邪教領袖吸納脆弱的人成為成員進行療癒[4]，我在德里克的指導下經歷了事業的復原，這讓我信任他。

不要沉迷於希望

我以為這個網路研討會是另一個宇宙奇蹟，證明我在他的指導下走對了路，但天啊，我錯得離譜。我的脆弱和希望蒙蔽了我，使我看不清一些危險信號。首先，如果他知道這些賺錢的可靠方法，為什麼他只教別人，而不在自己的網站上實踐呢？他為什麼住在阿拉斯加？他有什麼不可告人的過去嗎？他有某些事總讓人感覺非法，但又說不上來哪裡不對勁。此外，有些時候朋友會評論說，「那個叫德里克的傢伙，感覺他好像……對妳有意思，妳有這種感覺嗎，艾希莉？」

「德里克？」我吃驚地問，「不會啦！他家裡有老婆和三個孩子的，他幹嘛要這樣做？」我實在太希望讓我的夢想成真，便拋開困惑的感覺，繼續努力。

我全心投入，每天早上五點就起床準備我的網路研討會，並為我的工作機會學院課程添加內容。大多時候，我會工作到淩晨兩點，強迫自己非得把待辦事項完成，才會上床睡覺。

當你工作十分繁重時，你是怎麼對待自己的？我就像個工作狂，執著於使網路研討會成功的可能性。我真的很想要成功。我告訴自己在夢想成真之前，我是不會放棄的。最後真的成功了。

成功可能是孤獨的

第二天晚上，我和大學同學們共進晚餐，這是我們每週三的例行約會，只是這一次，我帶著成功的震撼赴約。當時我沒有意識到的是，擁有這樣的財富對我來說是孤獨的，幾乎就像是造成了我和其他人的疏離感。我的意思是，多年來，朋友們都會問我的「網路研討會」進展如何，他們習慣聽我談論我的失敗（和債務），如今我該說些什麼呢？嗯，一切好極了；我剛達成一小時進帳四萬美元，現在在每個星期都是如此。

不，他們還會愛我嗎？還會把我當成是自己人嗎？會不會在背後批判我呢？會嫉妒我嗎？我的錯誤信念是：**如果我賺了錢，別人就不會喜歡我**，很快就變成了，**如果我失去所有的錢，誰還**

會願意當我朋友呢？如果你的財務狀況發生劇變，你認為這對你的人際關係會造成什麼影響嗎？這就像是內心的來回掙扎，最終會把人折磨得很累。回想起來，我對金錢有太多錯誤信念，讓有錢或沒錢去定義人的價值。這些想法耽誤了我好幾年，我甚至完全沒有意識到。

跌入龐大廣告費的深淵

在我大獲全勝的兩週內，我們決定自動化我的網路研討會演講內容。我們談話中充斥著我的擔憂，擔心在臉書上擴大廣告並不是許多廣告專家會做的事，信任別人做廣告是一種風險。在所有技術變化實施之後的幾天內，德里克打電話來說：「艾希莉，我一直在思考妳的事，想提供妳一些東西，說真的，這對我來說太瘋狂了，因為這會讓我的工作量大增。而且妳知道，我不輕易幫別人做這件事的，但我願意幫妳管理臉書廣告」。

我向幾個商務教練朋友提到了這個想法，他們告訴我這會有巨大利益衝突。畢竟，他會從我身上賺到錢——準確地說，是我廣告預算的一〇%——這可能會讓他無法提供優質的建議。例如，如果擴大廣告不符合我的最佳利益呢？或是如果打廣告沒有成績的話，他願意幫忙承擔我的財務損失嗎？

我堅持繼續下去，選擇忽略這些跡象，和他簽了一份協定，讓他同時指導我，又擴大我的線上廣告規模。接下來的一個月，我們購買了臉書廣告，並自動化網路研討會演講，這代表不再需要每週固定時間的線上直播，如今無論何時何地，只要有人找到產品銷售頁，都可以觀看。

很快的，我的生意開始像自動提款機似的，有時候一天結餘兩萬美元，有時在我所謂的好日子中，還有高達五萬美元的收入。我覺得錢好像從天而降，回報我以前所有的努力。我在十二天內還清了十二萬八千美元的信用卡債務。也還了向我媽媽借的三千美元，並承認對她撒謊；她沒有因此責怪我，不是因為我賺了錢，而是因為她是我老媽。我在流過了無止盡的淚水之後，開始對自己負責，此時正是我個人成長的關鍵時刻，學會了寬恕自己，讓我想起那個深怕繳不出房租而哭到睡著的女孩，我原諒了自己以前所犯的一切錯誤，找到一種愛自己的方法，不只愛過去的那個女孩，也愛正在蛻變中的我。我愛我自己，因為我相信自己的直覺，過著有遠見的人生。

二〇一六年二月一日，我們每天砸下兩千五百美元在臉書廣告上，使我們第一個月擴張就創造了超過三十五萬美元的收入，造成很大的混亂，因為我得確保我的客戶服務代表都受過訓練處理大量湧入的新客戶。到二〇一六年年三月一日，我們每天投入五千五百美元在廣告上，使我們當月的收入超過九十萬美元。到了五月份，我的工作機會學院課程的銷售額接近五百萬美元。

「妳簡直是火力全開了！每天至少賺兩萬到三萬美元的利潤。我還沒看過任何網路研討會和課程做得這麼好的！」德里克在我們的輔導電話中大叫。他接著說，「妳可以在馬里布

（Malibu*）買妳夢想中的房子！二十八歲就退休了！」

奇怪的是，我並沒有這種感覺。

我的心態還沒有趕上我的銀行帳戶，讓我告訴你，如今的客戶等電子郵件回覆的耐心不會超過二十四小時的……我不怪他們！我覺得客戶和電子郵件進來的速度比我能提供服務的速度還要快，這聽起來很棒，但問題是我變得不知所措，開始感到無能為力，我心想，我要怎麼樣才能堅持下去呢？我忙著培訓新的客服人員，聘請新的職涯顧問來協助這個課程，忙到完全沒時間感受到成功。事實上，這是我所經歷過壓力最大的時期，不是因為我有多忙……而是因為我的錯誤信念：害怕我會失去一切，我的一切行事開始出於恐懼而不是靈感，不管是做決定、與人對話，每天生活在恐懼當中，一點都不愉快。

自我應驗預言成真了

事實上，我太害怕失去我的財富，便打電話給我的律師，珍妮，約好在她的辦公室會面，讓她知道這個消息，我也知道她會很驚訝的，因為她早已習慣了我在銷售上的失敗。我進到她的辦公室時，她微笑聽我訴說。

「珍妮，我現在賺很多錢，每天高達五萬美元。我是說我一醒來，就看到錢飛進了我的銀行帳戶，我……我……我不想失去一切，妳知道嗎？我希望妳能幫忙的是，呃，檢查一切的細節，我的所有內容，確保我沒有違法」。

接下來，珍妮開始提出一些很難的問題，最後告訴我一件事：「網路這種東西有很多妳意想不到的規則。我建議妳放慢妳的廣告花費，讓我來查看妳的所有內容：包括網路研討會、電子郵件通信內容、妳的課程內容、以及妳的產品銷售頁，所有的東西」。

我與我的律師珍妮和商業顧問德里克之間的關係，往往根植於我自己缺乏自信，我不信任自己對市場的智慧判斷，也沒把握自己真的有照章行事，而是放棄自己的想法，接受他們任何一方的觀點。這種缺乏自信看來出現很多極端的情況，不是擴大規模到極限、就是關閉一切。我不信任自己的直覺使我沒有辦法維持必要的中立平衡。我所犯的最大的錯誤是，對別人毫無保留的信任，而沒有自行收集做出明智決定所需的一切資訊。你一生中可曾做過這樣的事？

「好吧，那麼，嗯，在妳看完之前我會先關掉廣告」，我完全不知所措，一時衝動做出這個決定。有趣的是，她從來沒有說要我先關掉廣告；這個結論和決定完全出於我自身的恐懼。

離開她辦公室和我進去時的感覺完全不同。我坐上車之後，開始質疑一切。我的恐懼告訴我要盡我所能防止自己失去一切，所以我最好接受她的建議。我當時沒有想到的是，臉書的演算法

＊ 編按：馬里布是美國加州洛杉磯一座富裕的城市，以溫暖舒適的沙灘聞名，是名人富豪置產首選。

此時對我和我的廣告都有利，如果我停止廣告支出，會不會完全失去可觀的銷售線索？答案現在聽起來很明顯，但在那時臉書廣告是個全新領域啊。為什麼我要自斷明確的財源生路呢？因為我不想違法，最重要的是，我害怕如果我不雇人查核的話，我會失去一切。此外，我告訴自己：我成功過一次，我可以再次辦到，等到珍妮檢查完我的資產核可之後，我再開啟廣告，而珍妮最後的確核可了，諷刺的是，她並沒有發現任何問題，但等到我重新開始時，廣告已經不起作用了。由於我不相信自己，在充滿恐懼和極端情緒之下做出決定，因而造成我的自我毀滅。

上限問題

我也認為我有《紐約時報》暢銷書作者蓋伊・漢德瑞克（Gay Hendricks）所說的「上限問題」。漢德瑞克認為，大多數人潛意識覺得幸福是有極限的，是一個他們內心設定可接受的上限。他概述了四個基本的錯誤信念，這解釋了為什麼大多數人對自己的幸福會有這種內在上限：（1）自覺根本上有缺陷或不夠好，（2）如果他們成功了，害怕面對不忠或被拋棄，（3）相信越是成功只會帶來越多的負擔，（4）害怕自己太出風頭，讓別人感覺不好[5]。你也有自己的上限問題嗎？哪一個最能引起你的共鳴？

在我急遽的失敗中，我感覺到自己根本上的缺陷（上文提到的第一點），結果自行搞垮了我的事業。我們接受自己認為應得的東西，負面的結果就是，任何超乎我們自認為值得擁有的，都會受到自己的破壞，進而造成我們的自我毀滅。意識到上限問題，珍妮為我踩了剎車，我鼓起勇氣要求德里克暫停我的廣告支出。不過，暫停廣告支出的關鍵在於：身為廣告專家，要想擴大廣告客戶的規模，需要精通廣告技巧，這不單純是在廣告花費上從每天五美元提升到每天一萬美元，而是需要機智策略，而對我來說，關掉一切廣告意味著我們必須經歷一段風險，祈禱我們重新啟動廣告時，演算法能再次善待我們。不用說，我當時並不明白這一點。

「關掉廣告？」德里克憤怒地問道，「妳瘋了嗎？」

他本可以在那一刻指導我，讓我看清自己的極端思維——一下對於廣告一路向上擴展全部接受，一下又全盤否定，將廣告完全關閉——但我不認為他能超脫個人利益。畢竟，德里克從我的廣告中獲利，而關掉廣告的決定對他來說是個財務損失。現在回想起來，很難確定他是真的在關心我，還是只關心他從我身上獲得的經濟利益。我試著向他和自己證明我這個出於恐懼的極端決定是正確的，我向他解釋說，由於之前在反恐領域工作（高度的正義），我很重視自己的誠信，這代表在我不斷擴大規模之前，我必須讓律師查核我的所有資產和課程協定。

他很沮喪，皺著眉頭關掉了我的廣告，這代表他從我這裡得到的廣告收入也沒了。

在接下來的兩個月裡，我靜靜地等待珍妮和她的法律團隊仔細研究我的平台，確保所有的線上資產都有遵守網路行銷、消費者承諾等方面的相關法律。我之所以這麼做，是因為網路上充斥著線上詐騙和快速致富的詭計。我知道事先防範總比事後後悔好，所以我一直靜心等待。我利用這段時間回顧我的內容、培訓一批新員工，投入了我大量的精力。經過漫長的八個星期後，珍妮給我開了綠燈，說我的課程符合誠信、以及所有網路行銷和消費者承諾的相關法律，准許我重新開啟臉書的廣告。我馬上給德里克打了電話。

「德里克！好消息！網路研討會已經可以重新啟動了，我們又可以開始做廣告了。珍妮對我的電子郵件和課程協定做了一些重要調整，但她說我們可以繼續執行了」。

他很興奮，告訴我廣告明天就會重新開始。

第二天早上起來，我期待看到大量的銷售成績，卻很快發現我們的利潤率　少了一半，廣告不再像以前那樣有效了。我打電話給德里克，他告訴我臉書的演算法已經改變了，我們可能不再有盈利了……我簡直不敢相信這個消息是真的。我花了數千美元在律師、顧問、技術和諮詢專家上，只因為我相信現金會源源不斷地流入。我難以接受，總覺得自己好像又得重頭來過了。

我問德里克我們有沒有什麼辦法，他回答說：「有很多事情可做：我們可以為妳的廣告拍攝新的影片，我們可以改變廣告的措辭，測試一些新的集合。我們需要做的就是繼續測試……」

他突然安靜下來，我感覺到他的思緒正在飛快運轉。他接著說：「我們可以做一件事，我知道應該會奏效的……」

我洗耳恭聽。

「其實很簡單，但是，艾希莉，妳必須信任我，照我告訴妳的話去做」。

我毫不遲疑地就點了頭。經過多年努力的網路研討會和線上課程，迅速嚐到成功滋味後，我如今陷入絕望。會是什麼方法呢？

「演算法是這麼回事」，他繼續說，「它有利於花錢的人，意思就是，如果妳願意為妳的一則廣告投入大量資金，臉書最終會降低妳廣告的銷售線索成本。妳只要使勁推就行了，然後妳的盈利能力就會回升。告訴我，妳的美國運通卡有多少額度？」

我說：「在他們打電話給我的一個月前，我們可以投入大約四十萬美元做廣告」。

「太好了。我明天就開始進行。如果妳看不到立竿見影的利潤，別擔心」，他接著說道：「妳只要知道如果堅持下去，一定會有好結果的」，這句話注定了我的失敗。

不管你從事什麼職業，總有一天，你都必須做出重大決策。無論是要做什麼決策，釐清你的核心動機是最重要的，如此才能知道你的決策方法、原因以及時機。

傷害性、還是啟發性思維影響決策？

他接著說了一些話，讓我日後不斷反思、檢視至今。在內心深處，我知道我忽略了自己更好的判斷力。我不顧一切地決定是來自傷害性的思維，源於恐懼和絕望，怕自己會「失去一切」、或是無法「再次成功」、或自責關閉廣告而犯了「致命錯誤」，而不是來自啟發性思維，選擇繼續努力、再次創造成功。如果我在做決定時受到啟發，可能就不會那麼不顧一切，做出極端的選擇了。

你的職業選擇受到什麼動力驅使？你現在選擇的工作，是因為這份工作對你的意義、或是你能帶來的影響力而受到啟發？還是因為傷害性思維，基於外界對你的觀點、或是擔心找不到工作而做的選擇呢？看看下表中的陳述，問問自己你最傾向哪一邊。

如果你覺得你經常出現傷害性思維，該是時候做些改變，轉向受啟發的想法和行動了。

傷害性思維	**啟發性思維**
我接受這份工作是為了賺錢。	我接受這份工作是因為它激發我的熱情和動力。
我接受這份工作是因為我擔心沒有其他機會。	我接受這份工作是因為這是我想要的，機會無所不在。
這個工作頭銜會讓我看起來很體面。	這份工作符合我的目標。
我會在這份工作多待兩年，好讓我的履歷和 LinkedIn 個人資料看起來不錯。	我選擇留在這份工作是因為它幫助了我學習和成長。

德里克加緊油門，我們在第一週砸下十萬美元做廣告，收入卻只有兩萬七千美元。我的媽媽

黛比是一位優秀的簿記員，殷切地替我追蹤數字。她打電話來告訴我說，「艾希莉，這招並不管用」。她所說的我已經知道，只是不願面對現實——廣告購買投資的回報並沒有達到收支平衡……差得遠了。這是商業上的危險信號，該死的，這是做生意的基本常識。我不是要為我的線上課程塑造品牌形象，而是要銷售的。如果你的廣告不起作用，明智的做法是停止所有的廣告活動，刻不容緩！

我打電話給德里克表達我的擔憂，認為我們應該就此打住。他反駁道：「妳答應過要信任我的，這需要時間，艾希莉。當演算法對妳有利時，會給妳更好的潛在客戶銷售線索成本，妳的利潤率很快就能翻倍。妳只要信任我，我知道我在做什麼」。

當我掛斷電話時，我一直不願傾聽心中理智的自我丟出疑惑：明明就沒看到好結果，他為什麼一直說要我信任他呢？但我當時還不夠信任自己，而更相信他的專業知識，部分原因是我想這麼做。畢竟，如果選擇全然信任自己，一部分的我會覺得這代表我是孤獨的，真的，一切只能自己獨自做決定，獨自成功；太孤獨了。我願意冒所有的風險，希望一切都能奏效。

然後十萬美元的廣告費變成了二十萬美元，然後是三十萬美元。我每週都打電話給他，讓他知道這不管用，但他都堅持說會有效的。仔細回想起來，當一個人不用付出代價時，當然可以輕易鼓勵別人冒險，而我也真的為此付出代價。儘管如此，直到美國運通打電話來通知我的付款延遲了，我才開始出手制止這一切。在德里克的指導下，用我的美國運通卡總共刷了四十五萬美元的臉書廣告費，我們從中只得到十萬美元的收入，我欠了三十萬美元的債務，更別提我很快就會收到德里克四萬五千美元的發票……他在我的廣告費中一〇%的佣金。這一切是怎麼發生的？

然後我突然領悟了，他砸入我的現金以提高他的佣金數字。他知道，不管我的利潤多少，他都會賺到一〇%的廣告費。我坐在那裡，無言以對，感覺世界的重擔落在我的肩膀上，唉，一筆龐大的債務。在我的法律團隊介入查核之前，我們賺的五百五十萬美元中，我花了兩百二十萬美元在臉書廣告上，一百多萬美元的團隊開銷、以及用來「拯救」我的顧問費。因客戶退款而損失了一百萬美元，這對於網路業務顯然是正常的（二〇%的客戶利用了三十天鑑賞期條款，不滿意保證無條件退款，而在截止日當天要求退款的占七八%，當然，客戶也已看完所有內容了）。還有客戶信用卡付款計畫的失敗損失了四十萬美元，這顯然也是正常的。我自己也花了四十五萬美元（買了一輛新車、一棟房子、所有的物質享受，因為我以為貧窮的日子已經結束了）。這一切讓我歸零。

我破產了，而更嚴重的是，我感到心碎，好像我內心再也無法付出什麼，靈感一點不剩，再也沒有希望了。我不再信任德里克，最糟糕的是，不再相信我自己了。

就在我以為情況不可能更糟的時候，的確變更糟了。珍妮打電話給我，告訴我破產對我意味什麼，我在聽她說明時，決定不宣告破產。我心裡有些受傷，害怕被貼上破產的標籤。而有一部分的我則受到了啟發，我想向自己證明，我可以收拾這個爛攤子，並清償所有債務。我凝視著浴室鏡中的自己，想像「破產」這二個字浮現在我額頭上，我將身體縮進大毛衣裡，想要躲藏起來。我隱約聽到外面人群的聲音，準備要去好好享受今晚的夜生活。但不是我，我不打算出去，我再也負擔不起了，我有一大堆爛攤子要收拾，不僅只是今天的混亂，還有我這段時間養成的混亂心態。像是「錢很難處理、錢是很容易失去的、錢不好賺」這一類的想法充斥在我心中。這些信念創造了一個殘酷的現實，而我知道我必須徹底改頭換面，無論需要多久時間。所以我決定放手了。

人生轉向 11

掌握主要和次要核心動機

多年來，在我的職涯輔導訓練中，我養成了一些扼殺健康的習慣。首先，我向自己保證除非我把堆積如山的待辦事項完成，否則絕不上床睡覺。有些晚上我會在凌晨一點結束；有時我會一直熬到凌晨四點四十五分，今晚也不例外。我在餐桌前閉上眼睛，帶著疲憊的身軀和活躍的大腦。我聽到我的身體在對我呼喊：「艾希莉，拜託，住手，妳不能再這樣下去了，妳需要睡覺，我需要妳，拜託。」

問題是，你的身體值得傾聽，而我當時不夠愛自己，沒有尊重這些聲音。如今我會接受自己的身體警訊。是的，有時候我還是會熬到很晚才睡，但如果真是這樣的話，我會花一天好好照顧自己、或是隔天晚上早點上床來補償。

根據許多專家的說法，人們在生活中所做的事情有兩個基本的核心動機：（1）避免痛苦或（2）獲得快樂。在我此刻的人生中，我顯然落入了「避免痛苦」的類別，我需要翻轉我的人生，從痛苦和受傷的心態，轉變成快樂和受啟發的生活。在研究無數關於動機的文獻之後，我逐漸相信，在一般人的職業生涯中，有十種核心動機，而人們通常是靠著一、兩種主要的動機來運作。我喜歡用 MOTIVATESS 的縮寫來表達：

一、人生意義（**M**eaning）
二、最佳健康狀態（**O**ptimal Health）
三、時間管理（**T**ime）
四、影響力（**I**mpact）
五、知名度（**V**isibility）
六、成就感（**A**ccomplishment）
七、培訓機會（**T**raining）

八、怡然自得（Ease）

九、開銷（Spending）

十、自我表達（Self-Expression）

讓我們深入了解！

一、人生意義：所做之事符合自己的精神目標。

這點看來就像是你的核心技能與核心價值符合個人使命感。這不同於影響力（第四點），因為更專注於自我，你所做之事可能是具個人意義，對世界並沒有造成影響力。

- 傷害性思維：我這麼做是因為這會為我的人生帶來意義。
- 啟發性思維：我覺得有必要這麼做，因為讓我感到振奮，這對我的職業生涯意義重大。

二、最佳健康狀態：所做之事支持你的身體健康或體能狀態。

這點看來就像是如果身體不舒服，就放輕鬆一點；也可能是訓練身體變得更強壯。

- 傷害性思維：我這麼做是因為我看起來會很好。
- 啟發性思維：這份工作讓我感覺很好，這對我的職業生涯意義重大。

三、時間管理：能夠給予你時間自由、或彈性的工作。

這是一個能讓你自由掌控時間的職業。

- 傷害性思維：我這麼做是為了不必工作得那麼辛苦。
- 啟發性思維：當我可以自由安排時間，我會特別有活力和創造力，這對我的職業生涯意義重大。

四、影響力：所做之事能改變世界、產生影響。

致力於一項重大志業或使命的職業。這與人生意義（第一點）不同，因為人生意義是攸關個人天命（自我），而影響力則是攸關貢獻（他人）。

- 傷害性思維：我這麼做是為了讓別人看到我的價值。
- 啟發性思維：我這麼做是因為這項志業對我意義重大。

五、知名度：所做之事為你帶來聲望或受到他人認可。

這是一個帶給你聲望和認可的職業。如果不小心，經常會落入傷害性思維。

- 傷害性思維：我這麼做是為了讓這個世界少不了我。
- 啟發性思維：我這麼做是因為我有重要訊息要分享，而我認為世界需要此訊息。

六、成就感：所做之事能帶給你圓滿達成的感覺。

這是通常會有最後期限的工作，適合一有成就感就特別興奮的人。工作帶給他們動力，而完成任務帶給他們滿足感。

- 傷害性思維：我這麼做是因為我做的越多，我就越有價值。
- 啟發性思維：我這麼做是因為我享受完成任務的感覺，執行過程中我特別有動力。

七、培訓機會：能夠提供成長、學習和擴展的工作。

這是能夠不斷為你提供成長機會的職業，無論是透過挑戰還是冒險。

- 傷害性思維：我這麼做是因為我希望人們認為我有價值，而我需要證明自己的價值。
- 啟發性思維：我這麼做是因為我在學習的時候特別振奮。

八、怡然自得：讓你感到自在的工作，也就是說能幫助你避免羞愧感、恐懼、失敗、焦慮、以及身體或情感上的痛苦。

這是一個很單純的職業，你覺得有能力勝任、沒有太多成長挑戰的工作。

- 傷害性思維：我這麼做是因為我沒有能力做其他事情。

• 啟發性思維：我這麼做是因為我重視單純性。

九、開銷：能夠讓你賺錢、也能存錢的工作。

這是一份報酬豐厚的職業。

• 傷害性思維：我這麼做都是因為錢很重要。
• 啟發性思維：我這麼做是因為我享受賺錢的成就感，也受到工作的激勵。

十、自我表達：能夠讓你自由表達情緒和想法的工作。

這個職業能讓你透過個人感覺和想法發揮創造力。

• 傷害性思維：我這麼做是因為我需要關注和愛。
• 啟發性思維：我這麼做是因為我在表達自我時，會變得更有活力。

實際應用

一、當你受到傷害時，你的主要核心動機是什麼？
二、當你受到啟發時，你的主要核心動機是什麼？

三、你有次要的核心動機嗎？

四、你的核心動機如何與核心價值保持一致，或能否讓你體驗你的核心價值？

五、你的職業是否根植於你的核心動機？

六、你是否出現任何精疲力盡的症狀？

七、如果你正感到精疲力盡，最可能的根本原因是什麼？

八、你可曾自我破壞過什麼大事嗎？

九、你有蓋伊．漢德瑞克所說的「上限問題」嗎？這如何反應在你目前的職業當中？

十、在目前的「職業」中是否沉迷於希望，期待某些事情「最終」會改變、或變得更好？

十一、在目前的「生活」中，是否沉迷於希望，期待某些事情「最終」會改變、或變得更好？

十二、你認為你可能達到的收入或成功最大程度是多少？

十三、什麼信念或情況是你必須放手的？

結語

在人生中，我們的核心動機有時受到傷害性思維驅使，有時受到啟發。當我受傷害的時候，是受到開銷和知名度所驅使，我需要發展一個能創造大量財富的事業，不是因為享受成就感帶來的喜悅，而是因為抱持著「金錢就是一切」的傷害性思維和錯誤信念。我們都知道這從何而來的：我心中那個心碎的小女孩，看著勤勞的父親在遭逢經濟鉅變時掙扎著養家餬口。反之，當我處於真實本性時，我的主要核心動機是時間，其次是自我表達。為什麼？因為時間給我帶來寶貴的創造空間，你可以看到我真正的核心動機如何融入我最深層的核心價值之一，也就是創造力。

回頭檢視一下你的核心價值，看看是否也是如此。

第四篇
通往幸福的高速公路

我們的救贖、我們的活力，
有賴於我們在面對幻想時保持真實自我的能力。

——《人生轉向 Podcast・第六十二集：思索如何表現真實自我》
艾希莉・史塔爾本人主講

第12章 沒有「一切從頭開始」這回事

二〇一九年三月十七日

時候到了，時候到了，時候到了。我腦海裡一直迴盪著這個聲音。

是的，我們往往會在極其平靜的時候，在內心深處聽到這股智慧的聲音。邁克・艾倫・辛格（Michael Alan Singer）的全球暢銷書《覺醒的你》（*The Untethered Soul*）直接談到了這種聲音，他說：「如果你還沒注意到的話，你的腦海中總會出現無止境的心理對話」❶。我們可以利用這種內心對話來獲得力量或被擊敗；如何處理完全取決於自己。問題是，你是否能在自己的生活中創造一個環境，讓你得以用清晰的頭腦和專注的心去傾聽這股聲音？

這下好了，有趣或諷刺的是，我那個呼喊的聲音是發生在我和兩位朋友莎拉・彭德里克（Sarah Pendrick）和娜塔莉・埃利斯（Natalie Ellis）所參加的靜心呼吸課程中。這聲音不停地重複著，一次又一次，直到我倒在娜塔莉毫無防備的懷裡，毫不掩飾地哭泣著。我尖叫道：「哦，別，別再來了，別再來了」。我覺得很尷尬，心想，這是呼吸課，不是哭泣課。另一場劇變即將來臨……真相的劇變。

歡迎來到心中的北極星

我意識到自己正處在改變的懸崖邊緣，這是令人震撼的感覺。你可曾經歷過呢？知道巨大的改變即將來臨？我覺得自己就像一個小女孩，站在沙灘上，看著潮水直接向我襲來，要不將我吞噬、要不就是讓我變得更堅強……我還記得怎麼游泳嗎？

我記得你，我心想，你是要我和那個不適合我的完美男人分手的聲音。你是鼓勵我離開五角大廈的聲音，即使當時看來像是個瘋狂的主意。你是讓我浴火重生的聲音，使我蛻變成命中注定的那個女人。你是過去幾次讓我心碎、又將我重新縫合變成全新自我的那個聲音。你是真理的聲音，讓我的人生遭受無情的劇變，卻讓我變得更好。儘管這個聲音為我的人生帶來了痛苦，我還是決定將之視為我最好的朋友、我的心靈導師。

時候到了，那股聲音一再浮現。

「這會很痛的！」我流著淚說，娜塔莉開始溫柔地輕拍我的背，撫慰我的心靈。

「沒關係的」，她邊說邊俯身安慰我，「沒事的，艾希莉。一切都會好起來的……雖然妳現在感受不到」。

我腦海裡那股智慧的聲音同意她的看法，並告訴我一件我永遠不會忘記的事：**不要違背自己的意願，做妳自己，自始至終都一樣，看著妳的人生發展**。心中這股直覺的聲音已經成為我生命中的北極星。

未知是一個令人興奮的境地

我不想讓陷入谷底成為我的最終結局。不，我會將它視為人生當中像熱帶假期似的短暫停留。事實上，每到新的一年，我都會選擇一個我最想體現人生的詞，二〇一九年，我選的詞就是「處之泰然」（equanimity）。對我來說，這代表放輕鬆、享受恩典。也就是說讓自己全然感受人生所經歷的一切，包括喜悅、勝利、痛苦、損失、心碎，最重要的是，原諒自己誤認為自己很渺小或不值得有偉大成就。

是時候了，是時候了，別再抗拒我了，聲音繼續說。

在課堂期間，我在娜塔莉懷裡哭了整整四十五分鐘，我感覺到熟悉的恐懼浪潮向我襲捲而來。我開始思考所發生的一切：我的致富、破產，當然，還有我在從事反恐工作期間旅行到世界上一些最黑暗的角落，我想到了這一切。那是一股情感的湧動，彷彿那些思緒或經歷的毒素正在從我的靈魂中清除。

你必須放手才能迎接新生

我決定撰寫這本書的時候，才剛開始要動筆之際，也正在哀悼我最近去世的姐姐史黛西。就在我拿到出版合約的前幾個星期，她意外死於由吸毒所引發的致命性中風，我很確定她是家裡唯一真正理解我所有想法和感受的人。這真是一個戲劇性的時刻，前一分鐘才埋葬了我的大姐，下一分鐘卻在慶祝這本書的合約。

在我開始撰寫第三章時，我賣掉了我的保時捷，搬出我在西好萊塢美麗的公寓。我吞下我的驕傲，搬回父母家住，以便清償我最後的債務。

在我撰寫第四章的時候，威廉——這位打從我五歲時就認識的家庭好友，來到我寫作的咖啡店，說他想和我好好聊聊。在那因緣際會的一刻，我意識到我從來沒注意過他是多麼有趣、多麼有見解、多麼英俊的一個人。我和他談了這本書，我們相視而笑，我發誓，在那一刻，我們愛上了彼此。人生就是這麼有趣。事情的真相是這樣的：他一直在我的生命中，然而，我一直沒有正視他的存在，直到此時此刻。事實上，我們會認識對方是因為我們的媽媽是幾十年的老朋友了，從我小時候起，我們每年都會一起去家庭旅遊。對他來說，情況就不同了。**因為我不同了，所以情況不同了**。一直到我誠實地面對真實的自己，我才終於能夠選擇和我共度一生的人。寫下這段話時，在上一個星期，我和他搬進了我們的新房子，養了一隻名叫朱庇特的德國牧羊犬。

我感覺重生了，好像我的生活終於提升了。就在情況再美好不過的時候，我得到了一份重要的諮詢工作，可以讓我償還我最後的債務，徹底解決。我知道我再也不會回到過去了，因為此時此刻正是我一生都在追尋的。

我全心投入在撰寫這本書上，並不知道這個過程會給我帶來多大的改變……變得更好。寫書不容易。實在怪不得有人會開始動了筆、卻從未完成過。就我而言，寫這本書是我自我療癒很重要的一部分。這些文字和經歷在我內心很沉重，從我還是孩子的時候，就等著出現在這些書頁上。我很感激把我帶到讀者眼前的每一刻，無論你們來自何方。這本書讓我清理過去，迎接新事物，也提醒了我最真實的自我。我希望對你們也是一樣。

成為新鮮感的專家

關於人生我很確信的是：它總是在變動。要知道，成就的喜悅或谷底的痛苦都是……短暫的。人生總是伴隨著同樣的機會：新的體驗和成長的經驗。身為職涯顧問，我幫助過數千人找到最適合的職業方向、獲得工作機會、開創事業，我是「新鮮感」的專家。關於新鮮感、或是我的洛琳奶奶所說的美妙的未知，老實說吧，通常會讓人失去立足點。純粹為了追求新鮮感也可以被視為一種逃避。但來自真實性的新鮮感呢？朋友啊，那正是人生轉向，是一種受到宇宙力量推動的精神覺醒，有人稱之為「實現」；有些人則稱之為人生目的。因為當你處在靈魂最深處的心流中，你便會體驗到自我的完整性。

我在娜塔莉懷裡感受到的恐懼很簡單：是一種善意覺醒、一種新的感覺讓我失去立足點。有些人會對一切重新來過感到興奮，而另一些人則會對新的開始陷入恐懼、或感覺完全受到剝奪，誤認為自己真的得「一切重頭開始」。對我來說，這一切都不是真的，我們絕不會真正重新開始；此刻的我們是由過去的經驗和情感組成的，不管我們同意與否，我們總是會帶著過去的經歷進入未來的事業、人際關係和生活中。我們可以選擇以輕鬆態度面對新的開始。

「錯誤」的道路會引導你走向正確之路

有件事總是讓我感到很驚訝，有太多人選擇不接受正確的道路，只因為已在錯誤的職涯路上投資了十年心血。誰規定我們年輕時就要知道自己適合什麼工作？這種思維是如何進入我們社會的？許多人沒有意識到的是，這條「錯誤」的道路是必要的過程之一，引導他們到了這一刻，或者說，走向正確的道路。

你可曾明白你需要那條「錯誤」的路才能走回正途？你需要從錯誤中學到正確之事。事實上，研究表明，和「做錯事」的感覺比較起來，沒有採取行動的遺憾對一般人來說更為沉重❷。你是不是只因為在職業道路上投入了這麼多年，就甘於讓自己深陷困境？不要讓過去的「錯誤」阻礙你未來想做的事。你的學位和工作年資是用來為你服務，而不是你去聽從它們的。

我的客戶安嘉莉（Anjali）做了多年的醫生，她很不快樂，因為她覺得如果她尊重自己的心意，改行轉入時尚領域，就得「一切重新開始」。雖然她不喜歡當醫生，但又怕她會浪費掉在醫學院學習和執業期間所投入的那些歲月。那不是真的。要說有什麼不同的話，她終於向前邁進了，因為她尊重自己的心意。聽著，**當你決定回歸真實自我的時候，全世界都會對你微笑**，這通常只需要一次人生轉向。如果你注定要成為一名醫生，那就當個醫生吧。如果你注定要成為水手，那就去當水手吧。如果你注定要成為電影製作人，那就去做吧。要知道，你是誰、你想要做什麼，是會改變的。

經過數月的輔導，安嘉莉終於放棄了行醫，在一家高級時尚品牌找到了一份助理工作。也許表面上看來她是「退步」了，或說她當醫生的時間都「浪費」了，但短短三年後，她給我發了一封郵件，問我是否願意去巴黎參加她為公司負責的時裝週。如果你想知道她為什麼能這麼快往上爬，正是因為她「錯誤」的道路。她將在醫學院求學期間學到的勇氣和關注細節，帶入她在時尚界的新工作中。我總是會直視她的雙眼，提醒她事業上的轉換、重新規畫人生的選擇，不見得代表她在退步。轉行並非是一種退步。就這麼簡單。

一個人的能力或工作態度是一套永遠不會消失的技能，因為什麼都不會失去。事實上，過去會成為現在的一部分。如果安嘉莉繼續當一名醫生，她可能會渾渾噩噩度過人生另一個十年，同時還在渴望自己現今的事業和理想工作。當我鼓勵她去做的時候，我盡可能給她最好的建議。我很佩服她對我的信任，聽從了我的輔導。但最終還是安嘉莉靠自己實現了夢想，因為她決定相信自己。信任自己，人生就會開始朝著對你有利的方向發展。只要你願意，人生永遠是你的朋友。

創造自己的人生藝術

我想起了畢卡索那則軼事，他畢生致力於他的藝術，最終轉化成在餐巾紙上快速、熟練塗鴉的能力。仔細想想，我們都有這樣的能力，成就自己的天才。其實，我們都是畢卡索，都在為自己的人生創造藝術，卻在我們探索尚未發掘的機會時，低估了自己本身的智慧和魔力。

「珍愛自己」或許像是和父母同住

我想了很多關於如何對自己負責一事——你的心願、你的混亂、你的進步——都是珍愛自己的最終表現。對我來說，這就像是接受此刻的現實：收到新書合約後，搬回父母家，藉此哀悼我姐姐，還清債務，專心寫書，學習預算規畫（終於啊）。

表面上看起來並非總是那麼美好，但給了我某一種會為人們帶來活力而不自覺的東西：進步。我有一些客戶因為買不起房子而備感壓力、處於糟透的戀愛關係、甚至以「向前發展」（該結婚了）為由，和不適合的對象結婚。停留在一條不符合真實自我的道路上，或是和錯誤的伴侶在一起，都是很詭異的，因為在社會眼中可能被視為是一種進步，而事實並非如此：這是一種自我毀滅的退步。

當我們夠愛自己、接受真實的自我、接受自己真正想要的、做自己渴望成為的人時，就會開始進步了。真正的進步建立在誠實面對自己，即使明知道這會很痛。

世界需要的是「你」，而不是你認為「應該成為」的人

我所有的思緒都停頓下來，恢復理智回到靜心呼吸課程的教室裡。我抬頭看見我的朋友們坐

在地板上，看著我。事實上，她們看見我內心深處最脆弱的一面，對我散發出無條件的愛。我凝視著莎拉和娜塔莉的眼睛，只能微笑，在我靈魂的劇變中，我知道自己是多麼幸運能有這些好朋友。在世人眼中她們是商業巨星。對我來說，她們是我的幸運星。

上課前，她們在談論自己的商業模式、和想在世界上創造的所有奇蹟。莎拉談到要為她的女性賦權公司 GirlTalk Network 舉辦更大型的現場活動。娜塔莉談到要更加擴展 BossBabe 在ＩＧ上兩百萬名粉絲數量。艾曼達，我親愛的朋友，她是商業和生活上的精神導師，談到要寫一本關於真實性和社交媒體的商業書。我不禁注意到，從履歷上來看，我的事業看起來就像他們的一樣：大量的電子郵件清單、數千次下載的 Podcast 節目、遍佈網路的部落格貼文、和ＩＧ追隨者。我知道自己應該感恩知足，但我心裡也很清楚，對於未來繼續擔任職涯輔導專家這條路，我沒有感受到和他們相同的喜悅……那是令人困惑的部分，未知。

我心裡默默檢視我們自己的、也是一般人會採取的商業手法：

- 開始進行一對一的職業生涯輔導工作。

√ 我是在二〇一四年開始做的，從那以後，我有了一張預約名單。

- 啟動小組輔導計畫。

√ 我已經在二〇一五年完成了。

- 擴展線上課程。
  √我們都知道這在二〇一六年是如何收場的，這些課程至今仍在線上提供。
- 舉辦大型研討會。
  √二〇一六年完成。
  √建立一個高檔的輔導小組。
  √我有考慮過，但終究沒有採取行動。
- 創立 Podcast 節目，用戶下載量高。
  √《人生轉向》Podcast。

我的朋友們在談到他們的銷售漏斗、新的電子課程和大規模現場活動這些商業手法時，都很興奮，但我並沒有同樣的感受，我的內心深處說「不」。我感到身心俱疲，不是單純身體勞累造成的，而是當你違背自己本性時那種疲憊無力的感覺。

我花了數年的時間想辦法進入中情局工作，結果就在我瀕臨崩潰邊緣時，那個聲音告訴我該離開了。我花了數年的時間學習網路事業、建立電子郵件清單、並獲得「追隨者」——結果現在這個聲音告訴我，雖然我終於培養了一群聽眾，我注定不適合成為網路上有影響力的人。我需要休息一下，我告訴自己，記住，只要有人生目標，就會有源源不斷的能量湧入。

不再被金錢主導人生

我的自尊心說，放膽去做吧，急切地希望我能去發展非我真正心之所向的事業，一切就只是為了讓我覺得在世上很安穩，或已有規畫之類的。這個頑固又可怕的聲音飛進我腦海中：妳知道該怎麼做的……只要創造一堆甜頭吸引客戶，靠網路致富。但我聽到我的靈魂在回答：我不會讓妳那樣做的，妳要按照自己的方式去做。你可曾聽到過從你靈魂發出類似訊息的聲音，對於看起來更容易的道路，當頭棒喝對妳說不？這個聲音不僅是邀請你重新開始，也是對你真實自我的一個新承諾。

我認真地看著我的朋友們，失望地承認：「我不是雪柔．桑德伯格，我是謝爾．希爾弗斯坦」，我心裡明白你們所讀的這本書將會是我的全新開始，對於我未來的職業生涯，我將擁有真實的自己。

他們回望著我，困惑不解，於是我開始傾吐心中所想的：「我已經努力工作達到事業這個階段，為什麼我不能繼續做個網路行銷大師呢？那就容易多了不是嗎？透過這種方式賺錢，該死的，我就算是躺著也能完成。但那不是我啊，哎呀！那不是我。我真希望我可以這麼做。但老實跟妳們說，寫這本書感覺真好，好到讓我覺得我必須要繼續寫作，即使在這本書完成之後。我不喜歡這樣，我痛恨自己為什麼不能和妳們一樣，做個事業女強人。我注定要成為一個詩人……那現在怎麼辦？我是不是會寫一些茶几擺設用的古怪詩集？為什麼我一定會是這樣呢？我不想讓自己就只是這樣而已啊」。

「但是這世界需要謝爾・希爾弗斯坦啊」，莎拉低聲說道，「所以這正是妳該去做的」。艾曼達和娜塔莉兩人點頭表示同意。我需要聽到她們這些話，但心中一部分的我（很大一部分）又想否認。

「真有意思，當個詩人」，我說著又哭了起來，「但老實說吧，誰會付錢給我去寫詩啊？沒有人的。完成這本書之後，我又得脫離自我，在社會上做個生意不錯的商人，才能過日子」。

莎拉笑了，我們倆都知道我在自欺欺人，她知道我心裡很清楚，而我自己也知道。但事實是，我很害怕。接下來發生的事情完全出乎意料：我們都開始大笑起來，笑得停不下來，正是這種笑聲讓你加倍釋放。對我來說，這就是投降。我們能這麼快地笑看自己陷在谷底的人生，這不是很瘋狂嗎？發現人生低潮是多麼短暫，感覺不是很棒嗎？根據研究顯示，人們親身體驗情緒感覺的時間，平均只有九十秒❸。然而，我們可以花數週的時間來避免那些痛苦的九十秒，生活在較低的頻率，被我們心中未得到滿足的痛苦所限制。

朋友啊，要知道你不是一輩子都注定要陷在人生谷底的，這只不過是一個階段，讓我們領悟什麼才是真實的自我、什麼不是。這是一個讓我們一切重新開始的機會，通常正是因為別無選擇，我們才能夠學會接受美妙的未知。當我們這樣做時，就是我們進步提升的那一刻，從此就可以展開新的冒險。你認為自己是藝術家、還是商人？不管是什麼，你心裡有一部分知道真正的答案是什麼。這兩種人世界都需要，唯一比做自己更難的事，就是抗拒真實自我。

在娜塔莉的懷裡哭泣時，我決定將日後的職業生涯都奉獻給自己的創造力和自我表達；這代表我不會再讓生意或金錢主導，我將繼續我的《人生轉向》Podcast 節目，不管它賺錢與否。也代表我會在世界各地舞臺上演講，分享我對人生目標、人生低潮、自信心和領導力等經驗。最重要的是，這代表做一件對我來說最脆弱的事情：在這個形塑身分認同的世界裡，真實做我自己，也就是說，寫我注定該寫的詩集，讓我的家人在這本書裡讀到我所有的感受，再也不怕他們也許會認為我「太情緒化」或「太……」了。

當我把下一本詩集的寫作計畫寄出去時，編輯會不會在電腦螢幕後面嘲笑我？經紀人會不會告訴我，寫完一本職業生涯書之後成為「詩人」簡直就是文學自殺？我不知道。但我體現了我認為的人生真正意義，我至今最勇敢的人生轉向：選擇做我自己。這個小女孩在五歲時，就向她的幼稚園畢業典禮聽眾宣布她將成為一名作家、母親和詩人。一個身分已達成，兩個有待努力。

人生就是一次旅行，對吧？但最重要的是，人生就像一場實驗和遊戲。如果你選擇這樣看，真正向前邁進的勝利者，就是最終決定尊重自己內心聲音的人，不再等到日後或方便的時候，而是即知即行。這代表傾聽你的直覺，誠實面對你的人生，並採取行動。在壓力、恐懼或焦慮的時候，我們最常聽到的建議就是：「做你自己」，但是可曾有人認真告訴過你這有多難嗎？

在我為他人進行職涯輔導這些年來，我了解到人們陷入困境有兩個簡單的原因：第一，他們相信自己需要克服走錯路的痛苦。這種錯誤認知使他們終身受困。第二，他們沒有選擇與自己進行深度連結，去傾聽內心智慧的聲音，發掘自己的真實面目。他們害怕、畏懼、或相信自己不值得快樂。這是與靈魂對抗的謊言、心靈的謊言。

我們都是由同樣的東西組成、同樣的科學、同樣的藝術、也都來自同樣神聖的地方，無論是從何而來。每個人都有天賦，上帝賜予的核心技能，但並不是每個人都選擇善加利用。每個人也都有自己獨特的核心本質，在任何所到之處給人留下一個印象。你可曾好好靜下心來探索自己的核心本質呢？你和那個做你內心嚮往之事的人之間，唯一的區別是，他們決定傾聽內心的聲音、聽從靈魂的敦促。人生轉向是你與生俱來的權利，好好利用，哪怕是令人尷尬、哪怕時機不對、哪怕會是一團混亂。

這就是個人成長的真諦：介於此時此刻的你，與內心聲音告訴你命中注定該成為什麼樣的人，這兩者之間的橋樑。你願意走那座橋嗎？現在，馬上行動。我想你已準備好了，因為你正在閱讀這本書。這座橋可能很漫長、很痛苦、也很艱難；但也可能比你想像的簡單得多。關於人生轉向之旅的好消息是，你可以隨時出發，也可以隨時改變方向，想什麼時候改變就什麼時候改變，不用等太久。永遠不要忘記，你今天所處的境地與你下週可能的境地無關。

關於你的未來，你內心的聲音在告訴你什麼？如果你沒有聽到內心的呼喊聲，要知道這正是你現在需要做的事，深入探索自己，首先要在你生活中創造一個環境，能夠讓你的頭腦安靜下來，傾聽你內心的聲音。

然而，這是沒有捷徑的，只能去做。首先你要注意什麼事會讓你神采奕奕。探索當你在任何場合時別人對你的感覺（你的核心本質）。了解並培養你的核心技能。用你的核心價值來過濾你在職業和理想方面的人生選擇。探索你是否承載對金錢的創傷或記憶，致力於發掘你的金錢觀。做為自我療癒的一部分，探討錯誤信念，並學習接受自己的障礙。

當你這麼做時，你就能好好注意到自己身體對於人生中出現的那些機會，正處於是或否、放鬆或緊張的狀態。這就是你傾聽直覺的地方。

還清五十萬美元的債務帶來一股強大的力量，這次經歷改變了我。不是錢的問題；而是學到謙卑的一課，領悟到人生變化無常，這場遊戲就是關於勇敢面對人生帶來的任何際遇。這種謙卑在我內心傳達了一個訊息，使我期待與全世界分享我人生轉向的旅程。

自我遠遠超乎外在的成就

在我人生跌入谷底的那三年裡，我有幸從許多不同的角度觀察自己，從一個成功的企業家到破產，再到搬回家和父母同住，我已經對自己有了透徹的了解，這是一種深層的覺醒意識，我的真實自我遠遠超乎我的銀行帳戶、商業成果、或個人外在形象。我的精神永遠比我所有的恐懼更為強大。在人生遊戲中真正的任務是，不管你在高潮和低谷時，你對自己的看法，永遠不要剝奪自己在人生低潮時的尊嚴，永遠要面對真相帶來的困擾。你的真實自我比一切都重要。

上週，我去洛杉磯的希臘劇院欣賞我最喜歡的 Tycho 樂團演出時，一陣幸福感湧上心頭，我渾身起雞皮疙瘩，臉上浮現不同於以往的微笑。寫這本書時，我每天都聽他們的音樂，如今，還剩下幾週就要交稿了，我在現場隨著他們的音樂舞動，和我身邊朋友們一起歡笑。我有生以來第一次感到真正的完整，想到晚上我會和我最心愛的伴侶威廉相擁而眠，想到我現在終於無債一身輕了。我也想到了那個失去家園的五歲小女孩，終於搬進了新住所，成為她命中注定的詩人。我沉浸在一種世界充滿活力的和諧感中，感覺比以往任何時候都更從容自在。不是因為我人生中發生的每件事，而是因為我一路走來變成了怎樣的人。這才是真正的人生轉向，不是嗎？

所以，當你努力走到下一個人生轉彎處時（會有很多的），好消息是今天可能是新的一天。昨天過去了，就讓它隨風而逝吧。今天是一個讓你找到真實自我全新的機會……這是另一個讓你翻轉人生、成就未來理想自我的機會。

好消息是，你和我都才剛剛開始。

致謝

我從世界各地感受到一些持續、無形的力量環繞在我身邊和我的生活圈，藉由它激勵我所做的一切。感謝我的朋友和家人，不僅讓我有動力寫這本書，也讓我一路以來選擇做我自己，我永遠感激你們。以下是在我生命中一些了不起的人，我想特別表達感謝之意。

致我親愛的家人：我會永遠懷念的姐姐史黛西．史塔爾（Stacie Stahl），妳是全家最了解我的人，我非常感謝我們之間有過的對話。我的老爸艾倫．史塔爾（Alan Stahl），你是我所見過最有趣的人……我最搞笑的部分來自你的基因。我的老媽黛比．史塔爾（Debbie Stahl），謝謝妳總是聽我傾訴心聲。我的老弟喬許．史塔爾（Joshua Stahl），感謝你總是在沒人出現時適時給予我支持。羅伯特．史塔爾（Robert Stahl），感謝你一直打電話給我，即使我告訴你我只想靜靜，你總是不帶批判眼光聽我訴說，也感謝你的深度。我的弟媳安德莉亞．史塔爾（Andrea Stahl），妳對我來說是珍貴的。

致我的真愛：威廉．哈達德（William Haddad），謝謝你讓我體會到真心的感覺。

我要感謝我人生中的好姊妹們：妮可・諾帕瓦（Nicole Nowparvar），我最好的朋友和旅行夥伴，感謝妳協助我編輯這本書，給我持續不斷的支持聯繫。莎拉・安妮・斯圖爾特（Sarah Anne Stewart），謝謝妳對我的包容，一直在電話中支持我。艾麗莎・諾布里加（Alyssa Nobriga），我一生的老師、永遠的朋友，謝謝妳幫助我發現自由。吉娜・德維（Gina DeVee），謝謝妳的「奇趣」、以及在編輯和創意方面無止境的幫助。我們一起走過生命中許多歷程，彼此的友誼是如此獨特、深刻、永恆。肯琪・伍茲（Kenzie Woods），我的老朋友，妳不僅協助我編輯這本書，也幫助我忠於自己。艾曼達・布奇（Amanda Bucci），謝謝妳純潔的心靈和智慧。潔西卡・溫特斯頓（Jessica Winterstern），謝謝妳提醒我我的能力，我很感激妳的真知灼見、和我們一起走過的旅程。娜塔莉・埃利斯（Natalie Ellis），妳以賦予婦女權力成為大家的榜樣，我很幸運能有妳這位好朋友。莎拉・彭德里克（Sarah Pendrick），我們緊密的關係言語無法形容。薩曼莎・斯凱利（Samantha Skelly），謝謝妳從我身上帶出瘋狂的樂趣。蘿拉・科諾瓦洛夫（Lara Conovaloff），謝謝妳做我的朋友，對於享受樂趣妳總是「來者不拒」，也謝謝妳幫忙我想出這本書的概念。雀爾喜・克羅斯特（Chelsea Krost），我們的談話讓我感到充實，妳總是有特殊辦法讓我腳踏實地。布蘭達・摩爾（Brenna Moore），謝謝妳打從孩提時代搭校車時就一直在為我加油。艾洛迪・加森-貝桑松（Elodie Garson-Besançon）和特里西亞・陳（Tricia Chan），妳們讓我成為世界公民，擴大了我對自己的理解——我愛妳們。凱拉・希姆索・菲勒魯普（Kiera Himsl Fillerup），謝謝妳當我的老友，總是能讓我全心全意讚美自己。

致賦予我力量的男性友人：傑森・戈德堡（Jason Goldberg），謝謝你讓我安心分享自己黑暗和光明的一面，謝謝你總能和我一起縱情歡笑。巴里・葛里芬（Barry Griffin），我永遠不會忘記我們在倫敦無數次的深夜談話，分享彼此的夢想，你的支持向來是我的催化劑。

致我的寫作團隊：艾瑞克・德拉巴雷（Eric DelaBarre），謝謝你的智慧。在CAKE Publishing的克絲汀・川梅爾（Kirsten Trammell），感謝妳幫助編輯稿件，並給我意見回饋。妳協助許多的後續修訂工作，我真的非常感激。洛倫・金尼（Lauren Kinney），妳的編輯功力把這本書提升到另一個層次。葛瑞格・布朗（Greg Brown），感謝你理解我、潤飾本書文字、查證我分享的資訊。蓋爾斯・安德森（Giles Anderson），非常感謝你對本書的信任，做我的經紀人，促成了本書的出版，我永遠感謝你在我提交新書計畫時展現的熱情。BenBella Books圖書公司的格倫・耶菲斯（Glenn Yeffeth），謝謝你完全支持我的理想，幫助我帶著豐富的愛促成書的問世。黛比・莫爾納（Debbi Molnar），感謝妳閱讀這些棘手的章節，並幫助我在腦海中、或在文字上有了全盤理解。

章節附註

前言

1 Ronald and Mary Hulnick, Loyalty to Your Soul: The Heart of Spiritual Psychology (Carlsbad, CA: Hay House, 2011).

第 1 章

1 Bureau of Labor Statistics, "Employment Status of the Civilian Noninstitutional Population by Age, Sex, and Race," Labor Force Statistics from the Current Population Survey, August 14, 2019, https://www.bls.gov/cps/cpsaat03.htm.

2 Catalyst, "Quick Take: Women in the Workforce—United States," Catalyst: Workplaces That Work for Women, August 19, 2019, https://www.catalyst.org/research/women-in-the-workforce-united-states/.

3 Chip Conley, "How Do We Combat Ageism? By Valuing Wisdom As Much As Youth," Harvard Business Review, Generational Issues, June 21, 2018, https://hbr.org/2018/06/how-do-we-combat-ageism-by-valuing-wisdom-as-much-as-youth.

4 Center for American Women and Politics, "Women in Elective Office 2018," Eagleton Institute of Politics, Rutgers University, August 14, 2019, https://www.cawp.rutgers.edu/women-elective-office-2018.

5 Dong Won Oh, Elinor Buck, Alexander Todorov, "Revealing Hidden Gender Biases in Competence Impressions of Faces," Psychological Science 30, no. 1 (January 2019): 65–79, doi:10.1177/0956797618813092.

6 Don Pettit, "The Tyranny of the Rocket Equation," NASA, May 1, 2012, https://www.nasa.gov/mission_pages/station/expeditions/expedition30/tryanny.html.

7 John Murphy, "New Epidemic Affects Nearly Half of American Adults," MDLinx, January 11, 2019, https://www.mdlinx.com/internal-medicine/article/3272.

第 2 章

1 John Levya, "How Do Muscles Grow? The Science of Muscle Health," BuiltLean, December 31, 2018, https://www.builtlean.com/2013/09/17/muscles-grow.

2 J. B. Furness, B. P. Callaghan, L. R. Rivera, et al., "The Enteric Nervous System and Gastrointestinal Innervation: Integrated Local and Central Control," Advances in

Experimental Medicine and Biology 817 (2014): 39–71.
3 World Health Organization, "QD-85 Burnout," ICD-11 for Mortality and Morbidity Statistics, August 19, 2019, https://icd.who.int/browse11/l-m/en#/http://id.who.int/icd/entity/129180281.
4 Steve Nguyen, "The True Financial Cost of Job Loss," Workplace Psychology, January 9, 2011, https://workplacepsychology.net/2011/01/09/the-true-financial-cost-of-job-stress/.

第 3 章

1 "Preventing Adverse Childhood Experiences," Violence Prevention | Injury Center | CDC. Centers for Disease Control and Prevention, April 3, 2020, www.cdc.gov/violenceprevention/childabuseandneglect/aces/ fastfact.html.
2 Ryan Hart, "What Percentage of Lottery Winners Go Broke? (Plus 35 More Statistics)," Ryan Hart, August 21, 2019, https://www.ryanhart.org/lottery-winner-statistics/.
3 "From the Goal Line to the Soul Line," YouTube video, 4:47, posted by "University of Santa Monica," https://www.youtube.com/watch?v= NDO4AM1BlG8.
4 Amir Levine and Rachel S. F. Heller, Attached: The New Science of Adult Attachment and How It Can Help You Find—and Keep—Love (New York: Tarcherperigee, 2012).
5 Ashley Stahl, "MINDSET: How to Have a Millionaire Mindset with Leisa Peterson," You Turn Podcast 100, https://ashleystahl.com/podcast/how-to-have-a-millionaire-mindset-w-leisa-peterson/.
6 Ashley Stahl, "MINDSET: How to Uplevel Your Money Mindset with Chris Harder," ***You Turn Podcast*** 39, https://ashleystahl.com/podcast/how-to-uplevel-your-money-mindset-w-chris-harder/.
7 Ashley Stahl, "MINDSET: 6 Steps to Upgrade Your Relationship with Money with Morgana Rae," ***You Turn Podcast*** 61, https://ashleystahl.com/podcast/6-steps-to-upgrade-your-relationship-with-money-morgana-rae/.
8 Ashley Stahl, "MINDSET: How to Get Out of Debt with Ashley Feinstein Gerstley," ***You Turn Podcast*** 58, https://ashleystahl.com/podcast/how-to-get-out-of-debt-ashley-feinstein-gerstley/.

第 5 章

1 "What Is Chaos Theory?" Fractal Foundation, August 28, 2019, https://

fractalfoundation.org/resources/what-is-chaos-theory/.

2 Douglas Bremner, "Traumatic Stress: Effects on the Brain," ***National Library of Medicine*** 8, no. 4 (2006): 445–61.

3 Masaru Emoto, ***The Hidden Messages in Water*** (Hillsboro, OR: Beyond Words Publishing, 2004).

4 Nate Heim, Boneva Maloney, and Reeves Jones, "Childhood Trauma and Risk for Chronic Fatigue Syndrome: Association with Neuroendocrine Dysfunction," ***National Library of Medicine*** 66 (2009): 72–80.

5 Joseph Goldberg, "Mental Health and Dissociative Amnesia," WebMD, August 29, 2019, https://www.webmd.com/mental-health/dissociative-amnesia#1.

第 6 章

1 ManpowerGroup, "Millennial Careers: 2020 Vision," World of Work Insights Resource Library, September 1, 2019, https://www.manpower group.com/wps/wcm/connect/660ebf65-144c-489e-975c-9f838294c237

2 Patricia Chen, Phoebe C. Ellsworth, and Norbert Schwarz, "Finding a Fit or Developing It: Implicit Theories About Achieving Passion for Work," ***Personality and Social Psychology Bulletin*** 41, no. 10 (October 2015): 1411–24.

第 7 章

1 Lauren Weber, "Your Résumé vs. Oblivion," ***Wall Street Journal***, January 24, 2012, https://www.wsj.com/articles/SB10001424052970204624204577178941034941330.

2 Wendy Kaufman, "A Successful Job Search: It's All About Networking," NPR, February 3, 2011, https://www.npr.org/2011/02/08/133474431/a-successful-job-search-its-all-about-networking.

3 Ethan Kross et al., "Social Rejection Shares Somatosensory Representations with Physical Pain," April 12, 2011, www.pnas.org/content/108/15/6270.

4 Nathan C. DeWall et al., "Acetaminophen Reduces Social Pain: Behavioral and Neural Evidence," Psychological Science 21, no. 7 July 2010, 931–37, doi:10.1177/0956797610374741.

5 Tim Askew, "The Remarkable Power of Simply Telling the Truth," ***Inc.***, August 17, 2015, https://www.inc.com/tim-askew/lies-damn-lies-and-entrepreneurship.html.

第 8 章

1 "Could Being Boring Cost You Your Job?" Scribd, blog.scribd.com/home/being-interesting-job.

2 Summer Allen, "The Science of Awe," Greater Good Science Center at UC Berkeley, September 28, 2019, https://ggsc.berkeley.edu/images/uploads/GGSC-JTF_White_Paper-Awe_FINAL.pdf.

3 "The Secret Structure of Great Talks," video, 18:03, posted byTEDxEast, https://www.ted.com/talks/nancy_duarte_the_secret_structure_of_great_talks?language=en.

第 9 章

1 Brad Plumber, "Only 27 Percent of College Grads Have a Job Related to Their Major," Washington Post, May 23, 2013, https://www.washington post.com/news/wonk/wp/2013/05/20/only-27-percent-of-college-grads-have-a-job-related-to-their-major/.

2 Elka Torpey and Terrell Dalton, "Should I Get a Master's Degree?," US Bureau of Labor Statistics Career Outlook, September 30, 2019, https://www.bls.gov/careeroutlook/2015/article/should-i-get-a-masters-degree.htm.

3 Karl Marx, The Communist Manifesto (Chicago: Pluto Press, 1996).

4 May Wong, "Stanford Study Finds Walking Improves Creativity," Stanford News, September 6, 2019, https://news.stanford.edu/2014/04/24/walking-vs-sitting-042414/.

5 Charles Dotson, "Psychological Momentum: Why Success Breeds Success," Review of General Psychology 18 (2014): 19.

6 Joel Hoomans, "35,000 Decisions: The Great Choices of Strategic Leaders," Leading Edge, March 20, 2015, https://go.roberts.edu/leadingedge/the-great-choices-of-strategic-leaders.

7 Alice Hughes and Andrew Gilpin, "Life's Biggest Decisions Revealed— from When to Get Married to Quitting Your Job," Mirror, September 30, 2019, https://www.mirror.co.uk/news/uk-news/lifes-biggest-decisions-revealed-married-16047685.

第 10 章

1 Jaruwan Sakulku, "The Impostor Phenomenon," ***Journal of Behavioral Science*** 6, no. 1 (2011): 75–97, doi:10.14456/ijbs.2011.6.

2 Charles Chu, "Picasso's Napkin and the Myth of the Overnight Success," Fee, September 9, 2019, https://fee.org/articles/picassos-napkin-and-the-myth-of-the-overnight-success/.

3 The Editors of Encyclopaedia Britannica, "Momentum," ***Encyclopaedia Britannica***, September 9, 2019, https://www.britannica.com/science/momentum.

4 "A Quote by Jim Rohn," Goodreads, www.goodreads.com/quotes/209560-we-must-all-suffer-from-one-of-two-pains-the.

第 11 章

1 V. Ranganathan, V. Siminow, J. Liu, et al., "From Mental Power to Muscle Power—Gaining Strength by Using the Mind," ***Neuropsychologia*** 42 (7): 944–56.

2 AJ Adams, "Seeing Is Believing: The Power of Visualization," ***Psychology Today***, December 3, 2009, https://www.psychologytoday.com/us/blog/flourish/200912/seeing-is-believing-the-power-visualization.

3 Alexandra Michel, "Burnout and the Brain," Association for Psychological Science, September 16, 2019, https://www.psychologicalscience.org/observer/burnout-and-the-brain.

4 John Curtis and Mimi Curtis, "Factors Related to Susceptibility and Recruitment by Cults," ***Psychological Reports*** 73, no. 2 (1993): 451–60, doi:10.2466/pr0.1993.73.2.451.

5 Gay Hendricks, The Big Leap: Conquer Your Hidden Fear and Take Life to the Next Level (New York: HarperCollins, 2010).

第 12 章

1 Michael Alan Singer, The Untethered Soul: The Journey Beyond Yourself (Oakland: New Harbinger Publications, 2007).

2 Susan Kelley, "Woulda, Coulda, Shoulda: The Haunting Regret of Failing Our Ideal Selves," Cornell Chronicle, May 24, 2018, https://news.cornell.edu/stories/2018/05/woulda-coulda-shoulda-haunting-regret-failing-our-ideal-selves.

3 "Emotional Mastery: The Gifted Wisdom of Unpleasant Feelings," YouTube video, 15:17, posted by "TedxTalks," September 23, 2016, https:// www.youtube.com/watch?v=EKy19WzkPxE.

別做熱愛的事，要做真實的自己

作者	艾希莉．史塔爾
譯者	何玉方、陳筱宛
商周集團執行長	郭奕伶
商業周刊出版部	
總監	林雲
責任編輯	盧珮如
封面設計	謝佳穎
內頁排版	邱介惠
出版發行	城邦文化事業股份有限公司-商業周刊
地址	115台北市南港區昆陽街16號6樓
	電話：(02) 2505-6789　傳真：(02) 2503-6399
讀者服務專線	(02) 2510-8888
商周集團網站服務信箱	mailbox@bwnet.com.tw
劃撥帳號	50003033
戶名	英屬蓋曼群島商家庭傳媒股份有限公司城邦分公司
網站	www.businessweekly.com.tw
香港發行所	城邦（香港）出版集團有限公司
	香港灣仔駱克道193號東超商業中心1樓
	電話：(852)25086231傳真：(852)25789337
	E-mail：hkcite@biznetvigator.com
製版印刷	科樂印刷事業股份有限公司
總經銷	聯合發行股份有限公司　電話（02）2917-8022
初版 1 刷	2022年2月
初版 18 刷	2024年8月
定價	450元
ISBN	978-986-5519-90-2（平裝）
EISBN	978267099063（EPUB）／9786267099018（PDF）

國家圖書館出版品預行編目資料

別做熱愛的事，要做真實的自己／艾希莉．史塔爾（Ashley Stahl）作；何玉方、陳筱宛譯.-- 初版. -- 臺北市：城邦商業周刊, 2022.02
368 面；17×22公分
譯自：You turn : get unstuck,discover your direction,and design your dream career.
ISBN 978-986-5519-90-2（平裝）

1.職場成功法　2.轉業

494.35　　110017346

藍學堂

學習・奇趣・輕鬆讀